First Edition, March 2022
A Publication of the World Housing Encyclopedia

Earthquake-safe Buildings
地震安全建筑

[新西兰] Andrew Charleson◎主编
王 涛 郭 磊 万成霖◎编译

地震出版社

图书在版编目（CIP）数据

地震安全建筑/王涛，郭磊，万成霖编译. —北京：地震出版社，2023. 12

书名原文：Earthquake-safe Buildings

ISBN 978-7-5028-5620-5

Ⅰ. ①地…　Ⅱ. ①王…　②郭…　③万…

Ⅲ. ①建筑结构—防震设计　Ⅳ. ①TU352. 104

中国国家版本馆 CIP 数据核字（2023）第 240102 号

地震版　XM5615/TU（6449）

Earthquake-safe Buildings

地震安全建筑

[新西兰] Andrew Charleson　主编

王　涛　郭　磊　万成霖　编译

责任编辑：俞怡岚

责任校对：凌　樱

出版发行：地 震 出 版 社

北京市海淀区民族大学南路 9 号　　邮编：100081

销售中心：68423031　68467991　　传真：68467991

总 编 办：68462709　68423029

编辑二部（原专业部）：68721991

http://seismologicalpress. com

E-mail：68721991@ sina. com

经销：全国各地新华书店

印刷：河北文盛印刷有限公司

版（印）次：2023 年 12 月第一版　2023 年 12 月第一次印刷

开本：880×1230　1/32

字数：96 千字

印张：3. 25

书号：ISBN 978-7-5028-5620-5

定价：24. 00 元

引 言

2019年的印度尼西亚日惹市建筑行业调查表明对地震安全建筑的需求变得愈发急迫。140名工程师、建筑师、承包商和业主对建筑部门提出相应的建议以提高地震期间的建筑安全。最普遍的提议认为建筑部门应该扮演教育者的角色。接受调查的人员认为，地震风险等级、地震对建筑的影响，以及与建筑安全有关的规范，均应对所有利益相关者以及建筑部门人员开放。

本书中的25篇文章最初是为建筑业人员以及印度尼西亚第三大城市万隆的普通公众编写的。尽管这些文章在一定程度上是具有特定背景的，但它们的功能与模板类似，其意图是使文章适应当地的背景，包括建筑材料和建造方法。如有必要，也可翻译为其他文字，为地震多发的发展中国家或地区提供参考。其中，中文版本在翻译稿件的基础上，又结合了中国实际地震环境。

这些文章编写之后，《世界住房百科全书》在发展中国家寻求合作伙伴，根据需要翻译、编辑和传播这些文章。合作伙伴必须有提高当地建筑抗震安全的愿望，在抗震设计方面具有丰富的经验，在当地享有很高的声誉和名望，并在建筑业具有很强的影响力。在编辑和翻译这些文章以增强它们在当地的适用性之后，合作伙伴将开展广泛宣传。

最理想的合作伙伴是当地的建筑部门。他们可以在网站上发布文章的翻译版本，也可以为那些寻求建筑许可的人员以及普通公众提供纸质版本。另一方面，合作伙伴可以是政府部门、国家地震学会、大学教职工联盟或大型工程咨询公司。公众将认可合作伙伴对文章翻译版本的贡献，这将有助于提高合作伙伴的公众形象。合作伙伴也可以解答文章中提出的问题。

除了在网站发布和刊出纸质版以外，还可以采用其他宣传方法。例如，文章可以作为系列的报纸或杂志文章刊出。刊物的定向刊送人员主要包括建筑专业人员和房屋业主。此外文章也可以推广到合适的专业教育和建筑培训机构。

最后，为翻译和编辑的合作伙伴提供一些参考：

(1) 审查“参考文献”，增加所在城市或国家相关的参考文献，删除无用的参考文献。

(2) 用更适合当地情况的图片或图表替换相应的图片或图表，并删除不相关的图片或图表。

(3) 文本可根据不同国家需求重新措辞。在适当的地方使用当地地名，使文章尽可能贴近当地城市或地区的语言习惯。例如，在印度尼西亚，“local wisdom”一词很常见（见文章9），但在其他国家，“traditional construction”可能更合适。

（4）严格审查每一篇文章的内容，确保翻译版本将适用于当地读者。检查文章中的假定是否满足当地要求。例如，在文章8中讨论如何将建筑连接在一起时，假设采用混凝土楼板。但在某些国家，砌体结构通常使用木楼板。

（5）文章的发表形式。如果作为一整个文档发布，则不需要在每一篇文章中增加介绍性脚注。但当文章作为系列在报纸或杂志发表时，有必要添加脚注。

（6）值得注意的是这些文章是面向普通公众所写。因此，普通公众能够理解这些文章至关重要。在编辑和翻译中，需要避免使用专业术语或行话，力求简洁易懂。

（7）编辑或翻译完文章后，请将pdf版本通过电子邮件发送到《世界住房百科全书》（whe@ eeri. org），并将发布在其网站上。

（8）如果您在翻译或传播过程中有任何疑问，请通过Andrew. w. charleson@ gmail. com联系Andrew Charleson。

（9）感谢您和《世界住房百科全书》的合作。

目 录

文章1：中国的地震及危害（原文：万隆和地震）

中国位于世界两大地震带：环太平洋地震带和欧亚地震带之间，受到太平洋板块、印度板块和菲律宾海板块的挤压，地震频繁且严重。我国台湾地区处于菲律宾海板块和欧亚板块之间，菲律宾海板块在欧亚板块上方持续向西和北方向滑动，并受到沉重的欧亚板块的阻挡，造成菲律宾海板块边缘破碎并抬升，形成高度发育的地震断裂带（图1－1）。板块滑动速度和人类指甲的生长速度一样快，并且不连续，一旦受到阻碍，就会造成应力累积。随着应力的不断积累，将会造成岩石突然断裂，从而导致地震的发生。图1－2为中国地震带分布示意图。

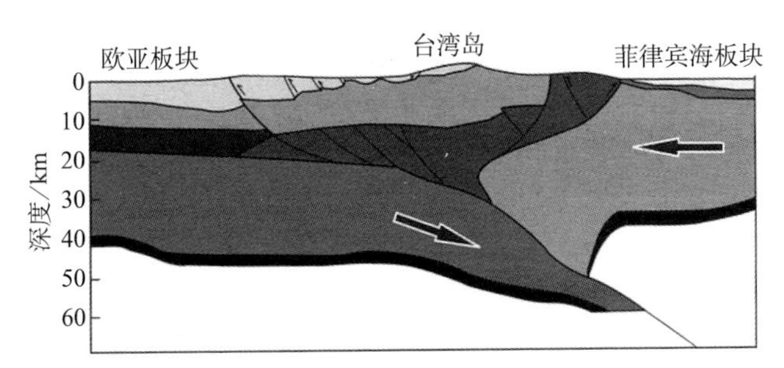

图1－1　欧亚板块与菲律宾海板块的相对滑动导致我国台湾地区地震频发

我国西南部地区则受到印度板块向北和东方向的挤压，走向非常复杂，巨大断层密布，经常发生超过7级以上的强烈地震。2008年5月12日，龙门山断裂带发生巨大破裂，破裂长度超过300km，对北川、映秀等城镇造成毁灭性灾害。地震发生时，地面会在各个方向产生快速且随机的往复运动。由于地面运动，可能会导致人们无法站立，甚至引起山体的滑坡以及湿土变成泥浆的液化现象，但影响最大的是我们日常生活和工作中依赖的建筑。

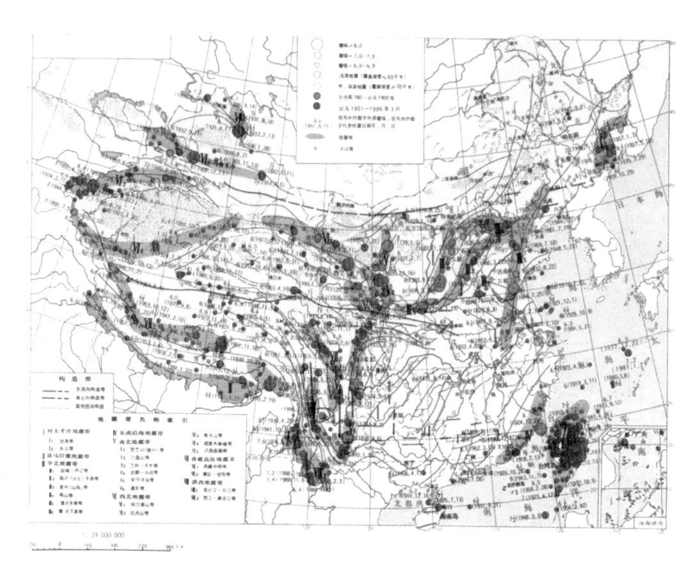

图 1－2　中国地震带分布示意图

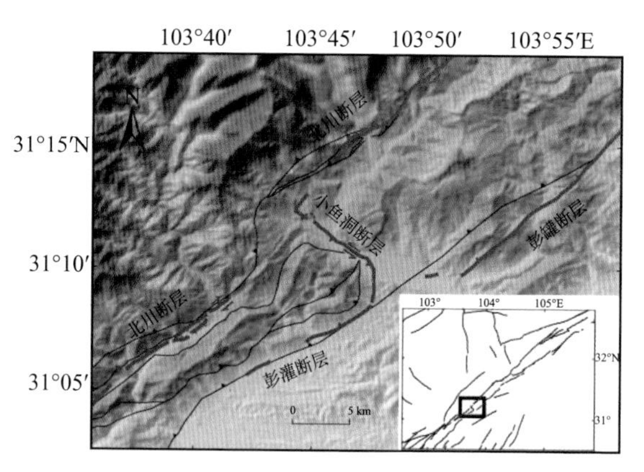

图 1－3　汶川地震小鱼洞地区地表破裂图

（红线为地表破裂，黑线为地质断层）（王鹏、刘静，2014）

地震发生时，建筑会左右晃动。由于震时建筑的弯曲和扭曲，上部相比于底部产生更大的侧移（图1－4），这对建筑的支撑结构，如柱、梁和墙等带来巨大的内力。钢筋混凝土柱和砌体墙是最容易受到损伤的构件，一旦这些构件受损，建筑可能倒塌，导致人员伤亡。

图1－4　地震时的房屋

但幸运的是，通过合理且经济的设计和建造，房屋可以有效抵御地震。地震中建筑的倒塌是可以避免的。本书中的其他文章进一步详细地解释了如何避免建筑地震时的倒塌。对于新建建筑，为了在地震中避免严重损伤，必须采用成熟合理的规章和方法。这也是地震时保护生命安全的有效方法。

尽管很多区域并不处于地震最活跃的地区，但是发生严重地震并造成建筑严重损伤的概率是较高的，发生概率甚至高于发生严重交通事故的概率。在现有技术条件下，保证建筑地震时的安全是可行的，但是如果人们对其不关心，那么再好的规章和方法也很难落实。

参 考 文 献

Daryono M R, Natawidjaja D H, Sapiie B, Cummins P, 2019. Earthquake Geology of the Lembang Fault, West Java, Indonesia. Tectonophysics, 751: 180-191.

王鹏，刘静，2014. 断层横向构造在逆冲型地震破裂中的作用——以汶川地震小鱼洞断层为例. 地球物理学报，57（10）：3296-3307.

文章2：避免在地震中出现土壤和地基问题

通常，人们都希望自己的房屋建立在坚固的岩石上。这样的话，地震时建筑将不会受到土壤严重破坏的影响。在地震中，土壤的运动不仅复杂，还会对建筑造成安全隐患。

地震时，斜坡极为危险，容易发生落石和山体滑坡，这两种情况都会摧毁建筑甚至整个城镇。通常，土木工程专业的解决方案可以避免这些问题。例如，地表排水沟可以防止雨水软化土壤，避免地震可能引发的滑坡。主动加固斜坡，可采用钻长孔和安装“地锚”的方法以防止滑坡形成，这就需要更大的建设和投资成本（图2－1）。

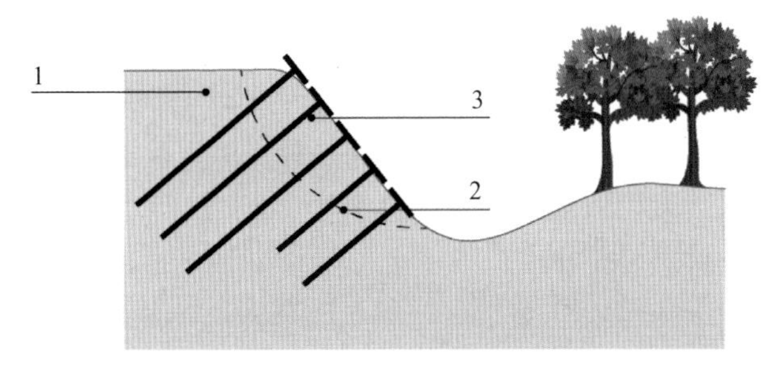

图2－1 不稳定斜坡的横截面（1），通过在斜坡上浇筑混凝土并钻孔插入钢筋地锚（3），防止潜在的滑动面（2）滑动

令人震惊的是，在地震时，即使是平坦场地上的土壤也可能产生潜在问题。尤其是在地下水位以下存在松散砂子的土壤。地震震动将导致砂子和水混合成液态泥浆，这就是“液化”一词的由来。

建立在这种液态泥浆上的建筑会发生沉降，倾斜，甚至完全倾覆（图2－2）。在互联网上搜索“建筑液化”可以看到很多图片。在极端情况下，例如在2018年印度尼西亚帕卢地震期间，场地发生大面积液化，导致许多房屋被冲走，消失在泥浆中。

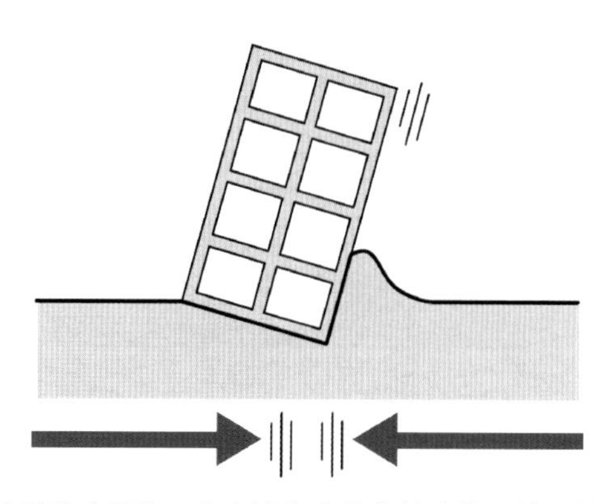

图2－2 地面震动导致一些土壤失去强度并液化，从而导致建筑倾斜

这些涉及土壤和地震的潜在危害提醒我们需要进行预设计和施工土壤场地勘探，并建议进行土壤试验。土木工程师需要这些测试的结果，以确保土壤能够支撑建筑的重量。测试时，首先在地面钻孔，来确定土壤的类型（图2－3）。然后采集样本，在实验室进行力学测试。对于大型建筑，业主应聘请岩土工程师进行测试，解释试验结果并给出相应的设计标准。对于斜坡上或容易液化的场地，岩土工程师可以给出相应措施来避免危及建筑安全的潜在问题。

建筑业主在设计阶段和施工前进行适当的土壤测试非常必要，这对于软土地区的建筑尤为重要。

图2 3 钻机正在采样

参 考 文 献

Charleson A W, 2008. Seismic design for architects: outwitting the quake. Oxford, Elsevier: 113-123.

Moller E, 2016. Demonstrate liquefaction: shaky sediments. Exploratorium Teacher Institute. https://www.youtube.com/watch?v=Kkgt-cPjBwA (accessed 8 May 2020).

Murty C V R, 2005. What is important in foundations of earthquake-resistant Buildings? Earthquake Tip 30 IITK-BMTPC "Learning earthquake design and construction", NICEE, India. http://www.iitk.ac.in/nicee/EQTips/EQTip30.pdf (accessed 5 May 2020).

文章 3：三种抗震结构体系

城市建筑体形多样，有些是低层建筑，有些是高层建筑；有些体积小，还有一些体积大，比如购物中心。尽管各种建筑看起来截然不同，但一般采用三种常见的结构系统来抵抗地震，分别是剪力墙结构、框架-支撑结构和框架结构，如图 3－1 所示。

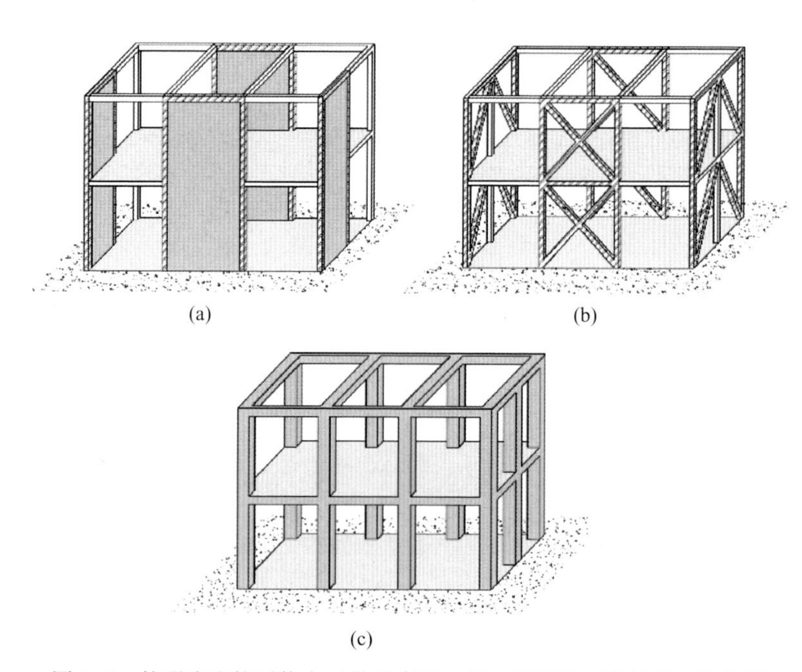

图 3-1 按强度和抗震能力（从最高到最低）排列的三种常见结构体系

（a）剪力墙结构；（b）框架-支撑结构；（c）框架结构

当设计一个新建筑时，建筑师和土木工程师会从三种结构体系中选择一种来抵抗地震作用，有时也会采用两种结构体系组合的混合系统来抵抗地震作用（图3-2）。如果某一种结构体系在建筑的纵向和横向都得到应用，那么建筑便能抵抗来自任何方向的地震震动。

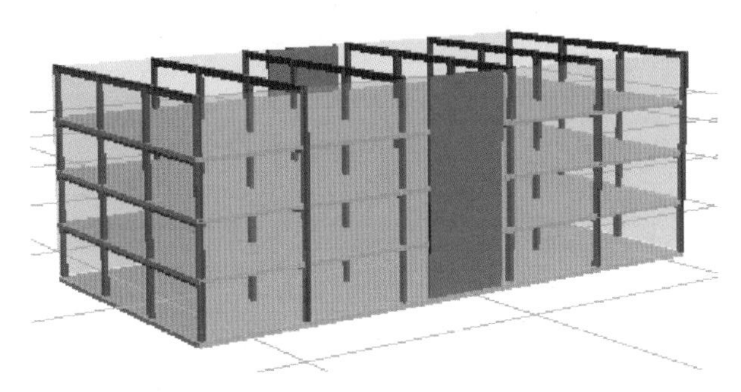

图3-2　六榀框架（每榀框架有三个开间）可以抵抗建筑宽度方向的震动，两个剪力墙可以抵抗沿建筑长度方向的震动（图中未显示屋板）

每种结构体系都需要沿地基到屋顶通长布置。所需墙体、框架-支撑或框架结构的数量取决于建筑所在地的地震危险性等级、建筑的大小及其重要性。

框架结构是一种常见的结构体系（图3-3），依靠柱子和梁的牢固连接来抵抗地震震动（见文章6）。框架结构可以灵活规划室内空间和窗户布置。但是在地震中框架结构通常比其他两个系统更柔，容易来回摇摆，也更容易受损，对其设计和施工带来一定的困难，而框架结构对施工误差很敏感。框架结构通常用钢筋混凝土或钢材作为建筑材料。木质框架也是一种选择，但主要用于低层建筑。

框架-支撑结构包含与梁和柱形成三角形的对角构件（图3-4）。它们由钢构件制成，最常见于低层建筑，如仓库等。除非焊接质量有良好的保证，否则钢支撑连接节点将是薄弱区域。钢支撑可能在较大的内力下产生弯曲。

图 3－3　两个四跨框架结构抵抗沿建筑长度方向的地震作用，预计还有类似的框架位于建筑的另一侧

图 3－4　钢框架－支撑结构抵抗作用在建筑宽度方向上的地震力，钢框架沿建筑长度方向提供强度

剪力墙结构可能是抵抗地震震动最有效的结构体系（图 3－5）。在国际上，剪力墙结构应用最为广泛。剪力墙越长、数量越多，建筑抗侧刚度就越大，这意味着地震时产生较小幅值的晃动，建筑的损伤也就越轻。钢筋混凝土是高层剪力墙最常用的材料。约束砌体墙（见文章 4）适用于低层建筑。在一些地震频发的国家，

如美国或新西兰，低层木结构依靠胶合板或石膏板结构墙来抗震。像正交胶合木这样的工程木制品也正在兴起，可用于中高层建筑的剪力墙。

图3-5 钢筋混凝土剪力墙抵抗沿建筑长度方向作用的力，建筑的另一侧应该有另一面墙

参 考 文 献

Braced Frame. Glossary for GEM Taxonomy. Global Earthquake Model. https：//taxonomy. openquake. org/terms/bracedframe-lfbr.

Charleson A W，2008. Seismic design for architects：outwitting the quake. Oxford Elsevier：63-91.

Moment Frame. Glossary for GEM Taxonomy. Global Earthquake Model. https：//taxonomy. openquake. org/terms/moment-frame-lfm.

Murty C V R，2005a. How do earthquakes affect reinforced concrete buildings? Earthquake Tip 17. IITK-BMTPC "Learning earthquake design and construction"，NICEE，India. http：//www. iitk. ac. in/nicee/EQTips/EQTip17. pdf （accessed 5 May 2020）.

Murty C V R，2005b. Why are buildings with shear walls preferred in seismic regions? Earthquake Tip 23. IITK-BMTPC "Learning earthquake design and construction"，

NICEE, India. http: //www. iitk. ac. in/nicee/EQTips/EQTip17. pdf (accessed 5 May 2020) .

Wall. Glossary for GEM Taxonomy. Global Earthquake Model. https: //taxonomy. openquake. org/index. php/terms/walllwal.

文章4：为什么剪力墙是最好的抗震构件

如文章3所述，剪力墙结构是建筑中抵抗水平震动的三种常见结构体系之一。在这三种结构体系中，剪力墙的强度和刚度最高，对施工精度的要求相对较低，在抗震地区的应用非常广泛（图4－1）。比如，智利的许多建筑都采用剪力墙结构，在最近的强震中表现良好。

图4－1　一座震损建筑。沿白色砖墙的方向具有较高的强度和刚度，避免了地震时的损坏。在房屋宽度方向具有较小的刚度，地震时产生较大的晃动造成了房屋的损坏。损坏部位暂时用胶合板覆盖

墙体是抵御地震的最佳结构构件。但墙体的用料取决于建筑的高度。在低层建筑中，如一、二层房屋，考虑到施工方便和成本，多采用约束砌体墙（见文章7）（图4－2）。这些建筑的约束性钢筋混凝土构造柱和圈梁的尺寸要比类似框架结构（见文章6）的梁柱小。如上所述，剪力墙结构地震时的往复运动幅度较小，因此，诸

如隔墙的其他建筑构件因地震震动受到的损伤也较小。然而，与框架结构相比，剪力墙结构限制室内的空间布置和采光，而且它们的地基建造成本也可能更高，这些是它们的主要不足。

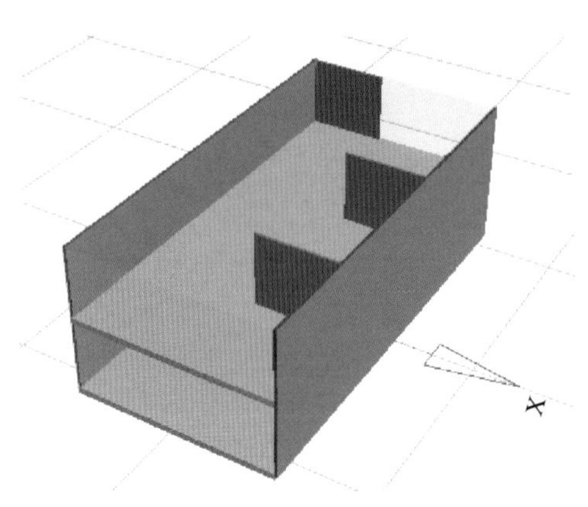

图 4-2 采用约束砌体墙和混凝土屋顶板（未示出）的 2 层房屋。两个长围墙可以抵抗沿建筑长度方向的地震。三个较短的剪力墙抵抗侧向地震（X 方向）

钢筋混凝土剪力墙在其他地震多发国的高层建筑中很常见。这些墙往往从坚固的地基到屋顶通长布置（图 4-3）。每层混凝土楼板和屋顶都需要与钢筋混凝土剪力墙牢固连接。

图 4-3 正在建设中的大楼。两个方向的大部分地震力都由钢筋混凝土剪力墙抵抗。在这种情况下，周边钢框架也提供了一些帮助

安全起见，剪力墙必须有足够的厚度和长度。如果墙体太薄，其末端容易在地震震动中屈曲并受损。如果墙体过短，则其刚度减小，导致建筑在地震时变形过大（图4－4），易发生破坏。对于低层砌体建筑，沿建筑两个方向的墙体数量、长度和厚度可通过施工规范得到，如Meli等（2011）。墙体中钢筋的构造和布置对于确保建筑地震时的安全也十分重要（Carlevaro等，2018）。对于较高的建筑，剪力墙必须由专业的土木工程师设计。

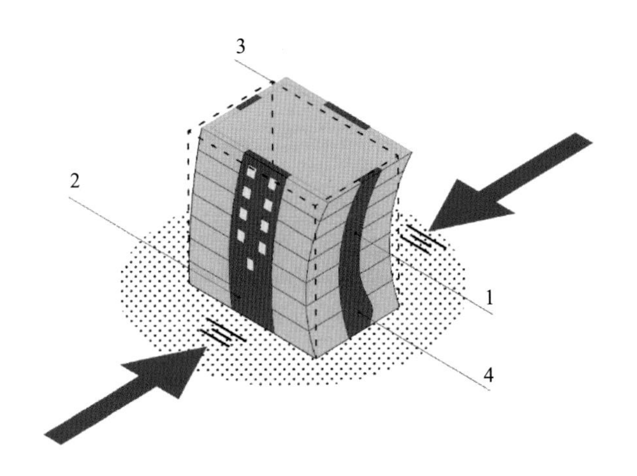

图4－4 在地震中，两面细长的墙（1）可以抵御侧向地震，但会产生较大的变形。同时，墙的底部会发生屈曲。两面较长的墙（2）限制了另一个方向的位移。虚线表示建筑的原始位置（3），（4）表示墙体因太薄而在底部发生屈曲

参 考 文 献

Carlevaro N, Roux F G, Schacher T, 2018. Guide book for building earthquake-resistant houses in confined masonry. Guide book for technical training for earthquake-resistant construction of one to two-storey buildings in confined masonry. Swiss Agency for Development and Cooperation Humanitarian Aid and Earthquake Engineering Research Institute. http://www.world-housing.net/wp-content/uploads/2018/11/Guide-book-for-building-eq-re-houses-in-cm_version-806.pdf (accessed

De-cember 2019).

Charleson A W, 2008. Seismic design for architects: outwitting the quake. Oxford, Elsevier: 66–76.

Meli R, Brzev S, Astroza M, Boen T, et al., 2011. Seismic design guide for low-rise confined masonry buildings. EERI & IAEE. http://www.world-housing.net/wp-content/uploads/2011/08/ConfinedMasonryDesignGuide82011.pdf (accessed April 2020).

Murty C V R, 2005. Why are buildings with shear walls preferred in seismic regions? Earthquake Tip 23. IITK-BMTPC "Learning earthquake design and construction", NICEE, India. http://www.iitk.ac.in/nicee/EQTips/EQTip17.pdf (accessed 5 May 2020).

文章 5：砌体墙有助于建筑抗震吗

所有的房屋建筑均存在墙体，墙体为我们提供了安全和私密的生活空间。我国乡镇建筑结构多由砖或块石堆砌而成，然后再进行抹灰和粉刷，称为砌体墙。砌体墙分为外墙和内墙，其中外墙起到室内外分隔的作用；内墙则将室内空间划分为多个房间。砌体墙赋予了我们生活所需的空间，门窗开洞方便了建筑的采光和通风。砌体墙具有一定的承重作用，可承担屋顶和上部楼层的重量。

就像其他事物一样，砌体墙既有其优势也有不足。事实上，砌体墙存在两个优点和一个不足。首先，砌体墙拥有很大的强度可承担上部荷载，也可以承受面内的水平荷载（比如地震动作用）。如果砌体墙具有圈梁和构造柱，其性能会更好。这种砌体结构在我国有着广泛的应用，称为约束砌体结构。其次，砌体结构具有取材方便、施工简单的优点（图 5－1 和图 5－2）。

砌体墙的主要不足在于其面外承载力较低。如果墙体很薄，且没有侧墙、地板或屋顶等面外约束构件，砌体墙的面外承载力是非常弱的（图 5－3）。

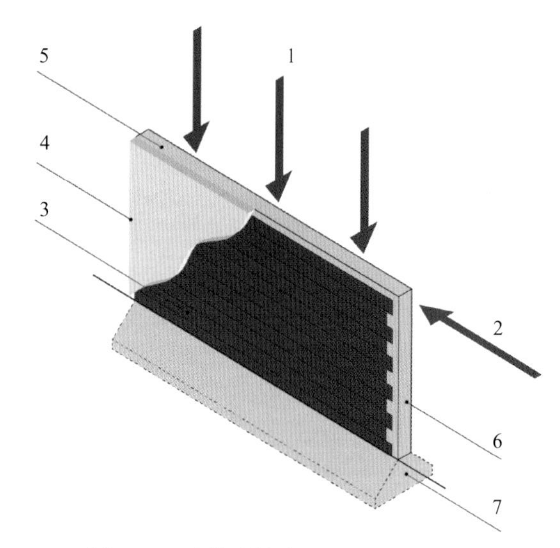

图 5－1　砌体墙构造和面内受力示意图

（1）墙面受到的重力；（2）水平力（由地震作用产生）；（3）平行于长度方向的砌块或者砖块；（4）抹灰；（5）圈梁；（6）构造柱；（7）基础

图 5－2　正在建造的约束砌体结构

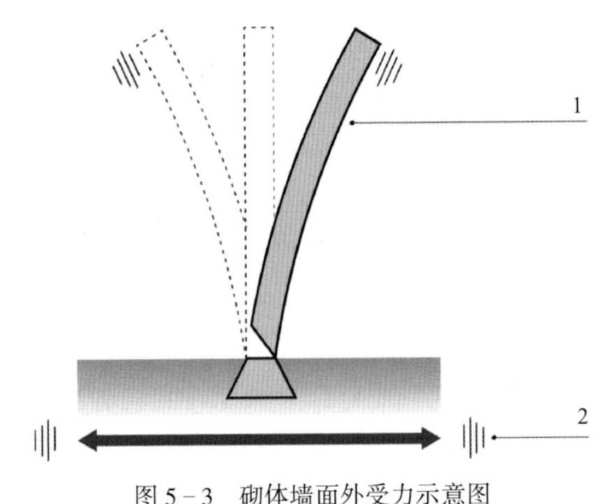

图 5－3 砌体墙面外受力示意图

（1）横截面；（2）地震动作用下，墙体面外的承载力很弱

每一面墙都需要面外支撑以克服其面外承载能力不足的缺点，面外支撑一般由垂直方向的墙体或楼板承担。当墙体承受地震或风载等面外作用时，其承载力主要由面外的支撑墙体提供，此时墙体顶部的圈梁将两个方向的墙体形成牢固连接（图 5－4）。没有支撑的砌体墙很可能会在地震中倒塌，图 5－1 所示构造柱的面外承载力太弱，无法为墙体提供支撑。

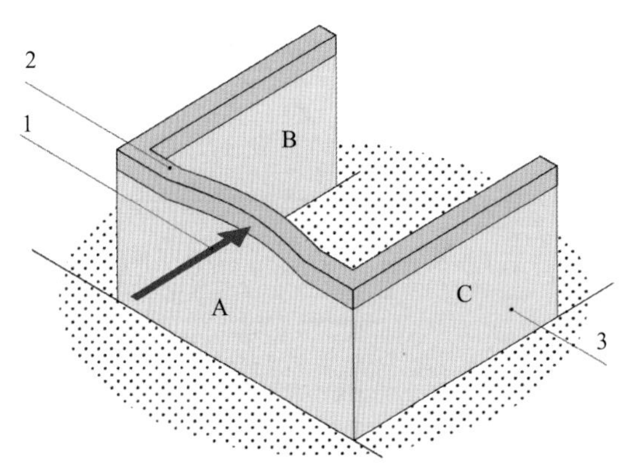

图 5－4 无屋顶的部分房屋。墙 A 受到地震的侧向力（1）主要由与墙体 A 相连的墙体 B 和 C（3）的圈梁（2）承担

在钢筋混凝土框架结构中的砌体墙一般为填充墙，不承担竖向荷载，但墙体仍需要一定的约束，防止在地震中发生面外倒塌。

参 考 文 献

Carlevaro N，Roux F G，Schacher T，2018. Guide book for building earthquake-resistant houses in confined masonry. Guide book for technical training for earthquake-resistant construction of one to two-storey buildings in confined masonry. Swiss Agency for Development and Cooperation Humanitarian Aid and Earthquake Engineering Research Institute. http：//www. world-housing. net/wp-content/uploads/2018/11/Guide-book-for-building-eq-re-houses-in-cm_version－1806. pdf（accessed December 2019）.

文章6：地震作用下钢筋混凝土框架结构如何工作

单层或两层的低层建筑在地震时可依靠砖墙或木框架墙来抵抗地震作用，但许多多层建筑，甚至是一些高层建筑，则依赖由钢筋混凝土柱和梁构成的框架来抵抗地震作用。梁柱构件也可以采用钢材制作，这些水平和垂直的梁柱构件共同工作，用来承担建筑的自重，并抵抗水平地震作用。

理解钢筋混凝土框架如何抵抗地震的最佳方法是观察其主体结构，即去除内外填充墙的主体结构（图6－1），此时结构只包含四部分：屋顶、楼板、柱和梁。与墙相比，柱子比较细长，它们支撑着整个建筑的重量，是建筑中最关键的结构构件。在地震作用下，为了抵抗水平力，柱子需要弯曲和侧向摆动且不被破坏（图6－2）。

图6－1　两座建筑通过柱和梁抵抗地震，外围护墙和内隔墙尚未建造

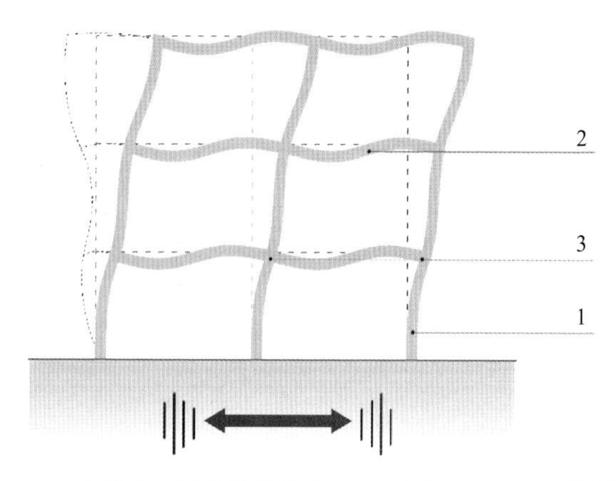

图6－2　地震时，框架结构的柱（1）和梁（2）向一侧移动，此时柱和梁都产生了弯曲变形，梁柱相交处采用强节点连接（3）

然而，柱无法单独抵抗地震，需要和梁协同工作，梁比其支撑的楼板厚，并且与柱子在节点处牢固连接，节点处需要在混凝土中锚固特殊的钢筋。坚固的梁柱节点意味着当柱子弯曲时，梁也会相应弯曲，这使得建筑整体更坚固，更不容易损坏。

由于柱是最关键的结构构件，因此必须避免其损坏，若柱受到严重损坏，那么整个建筑都有倒塌的危险。工程师通常使用两种方法来保护柱子，首先，柱子截面必须足够大，所用材料必须结实，细长的柱子在地震时会弯曲和断裂，所以柱子必须具有足够的截面尺寸和足够的强度。除此之外，柱内沿高度方向需要大量的垂直钢筋和水平箍筋（图6－3），这些钢筋可以防止柱子在侧向弯曲时发生断裂。

第二种方法是设计上确保柱子比相连的梁更强，这样在强震中，梁会首先受损，从而保护柱免受破坏。

这两种方法意味着抗震框架结构通常有较大的柱截面、略小的梁截面和坚固的梁柱节点。

图6-3　在浇筑混凝土之前，可以看出柱内的钢筋由抗弯曲的垂直钢筋和防止柱混凝土压溃的水平箍筋绑扎组成

参 考 文 献

Murty C V R, et al., 2006. At risk: the seismic performance of RC frame buildings with masonry infill walls. California, World Housing Encyclopedia. http://www.world-housing.net/wp-content/uploads/2011/05/ RCFrame_Tutorial_English_Murty.pdf (accessed 8 June 2020).

文章7：砌体结构抗震原则

文章5提供了有关砌体墙的基本信息，砌体墙是我国低层建筑中最常见的抗震构件。前面讨论了砌体墙在沿长度方向很强但在其平面外较弱。因此，砌体墙建造时都需要考虑其约束问题，这意味着两边需要有构造柱以及上下部需要有钢筋混凝土圈梁的约束。圈梁位于墙体顶部，其高度和每层的楼板高度相同。

那么，我们如何将这些墙融入一栋建筑，比如一栋两层楼的房子。首先，我们必须记住，墙是为了抵抗建筑的地震震动。所以，我们需要遵循以下四个原则：

(1) 每栋房子至少需要两堵平行于建筑长度和两堵垂直于建筑长度的墙。地震震动可能来自各个方向，因此每座建筑都需要在长度和宽度方向具备抗震能力（图7－1）。所有砌体墙都应为约束砌

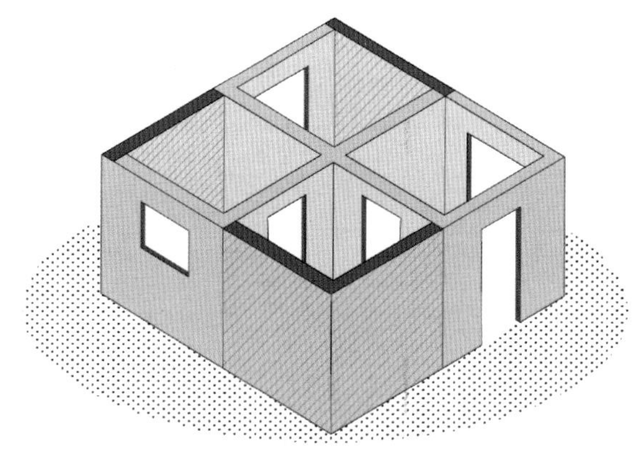

图7－1 这座建筑中有两堵墙（图中有阴影墙体且没有大的开洞）可以抵抗建筑长度和宽度方向的地震

体墙，墙内不能设置大的开洞，否则将削弱墙体抵抗水平地震的强度（图7-2）。此外，砌体墙长度应大于楼层高度的一半。更多详细信息请参阅 Meli 等（2011）的相关资料。

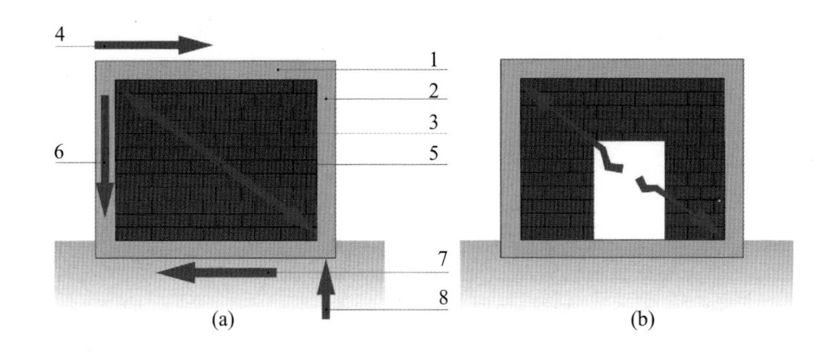

图7-2　由圈梁（1）、构造柱（2）和砌体墙（3）组成的约束砌体墙。当地震（4）发生时，约束砌体墙将沿对角产生压力（5），构造柱产生拉力（6），以此抵抗地震晃动。水平地震力由地面（7）抵抗，垂直地震力也由地面（8）抵抗。在（b）中，墙体有一个开口，阻止了对角压力区的形成，严重削弱了墙体强度

（2）墙体应在建筑的两个方向上均匀布置（图7-3）。在同一方向上墙体应分布均匀，以防止建筑在地震中的扭曲。在每个方向上墙体都要有足够的长度和厚度。墙体的数量、长度和厚度应根据建筑的尺寸和所用砖块或砌块的质量来确定。

（3）位于砌体墙顶的圈梁必须将墙体连接在一起。圈梁不仅约束了砌体墙，还将各方向的砌体墙连在一起，以防止墙体之间撕裂破坏。

（4）任何建筑的墙体应在基础到屋顶圈梁的垂直方向连续布置。这意味着，例如，在两层楼的房子中，二层的墙体必须直接位于一层的墙体之上。

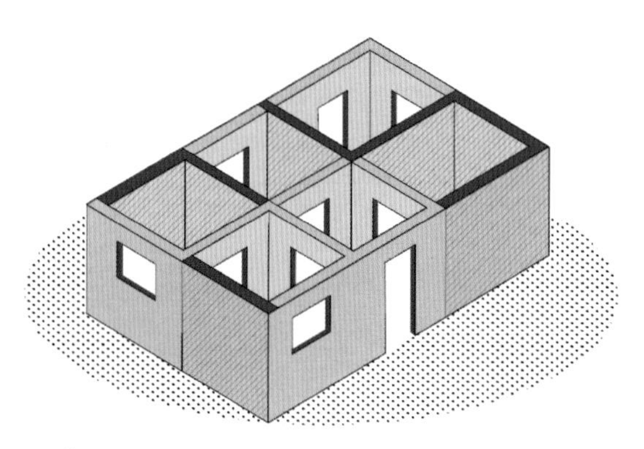

图 7－3　墙体均匀分布在整个建筑中。其中四片墙体可以抵抗沿房屋宽度方向的震动，另外三片墙体可以抵抗沿房屋长度方向的震动。所有墙体必须通过圈梁牢固连接

参 考 文 献

Boen T, et al., 2009. Buku saku Persysaratan pokok rumah yang lebih aman. PU and JICA. https://www.jica.go.jp/indonesia/indonesian/office/topics/pdf/buku_saku_0.pdf (accessed 11 April 2020).

Carlevaro N, Roux F G, Schacher T, 2018. Guide book for building earthquake-resistant houses in confined masonry. Swiss Agency for Development and Cooperation Humanitarian Aid and EERI. http://www.worldhousing.net/wp-content/uploads/2018/11/Guide-book-for-building-eq-re-houses-in-cm_version-1806.pdf (accessed December 2019).

Meli R, Brzev S, Astroza M, Boen T, et al., 2011. Seismic design guide for low-rise confined masonry buildings. EERI and IAEE. http://www.world-housing.net/wp-content/uploads/2011/08/ConfinedMasonryDesignGuide82011.pdf (accessed April 2020).

Public Works Department, 2016. Izin mendirikan bangunan Gedung, No. 05/PRT/M/2016. http://ciptakarya.pu.go.id/pbl/index.php/preview/55/permen-pupr-no-05-tahun-2016-tentang-izin-mendirikanbangunan-gedung (accessed 11 April 2020).

For other free and downloadable detailed information, visit https://confinedmasonry.org/.

文章 8：把建筑构件连接成整体抵御地震作用

建筑由多种不同的构件组成，其中楼板、屋面、柱、梁和墙属于主体结构的主要构件；而隔墙、幕墙、楼梯等则是非承重构件，这些构件让建筑更加宜居，但没有这些构件建筑也不会倒塌。

当地震发生时，建筑及其所有构件都会遭受剧烈晃动，其中破坏力最强的是不规则的水平往复运动。如果设计和施工不当，建筑可能被震得分崩离析从而发生倒塌。这种可怕的场景在许多国家的强震地区都有发生。

这种严重的地震破坏是可能避免的，这就要求把建筑各层的主体结构构件连接成整体，其中竖向构件例如每层的砌体墙则需要跟圈梁连接，圈梁一般采用钢筋混凝土制成。圈梁就像在建筑每层系了一条坚固的腰带，防止地震晃动导致构件凸出脱落（图 8－1）。

图 8－1　位于每层和屋顶的圈梁像坚固的腰带一样把地震中受损的建筑构件连接在一起

值得庆幸的是，如果楼板是钢筋混凝土楼板，它本身就足以把建筑每层的构件连接成整体。当然楼板的主要作用是为人员活动和物品存放提供平台，但是当地震引发水平晃动时，楼板可以把本层的构件连接成整体（图 8－2）。楼板约束本层所有的构件整体移动，防止一些构件被震得松动脱落。楼板内甚至不需要专门增加钢筋就能达到这种连接作用。

图 8－2　钢筋混凝土楼板将梁和柱连接在一起，使得同一层内所有构件地震时整体水平移动

然而，当没有楼板或采用木质楼板与砌体墙体组合使用时，把建筑构件连接成整体就非常困难。这时圈梁就能发挥连接作用（图 8－3）。圈梁相当于在建筑的内部和周围创建一个水平框架，将所有的构件连接成整体。不仅能防止墙体和柱子被晃得松动散开，还能防止楼板或者屋面从支承墙体上坠落。圈梁的应用比混凝土楼板更加灵活，实践已经证明它确实能像“腰带”一样起到连接作用。

综上所述，建筑从基础到屋顶的每一层都需要通过楼板、屋面或者圈梁连接成整体抵御地震作用。

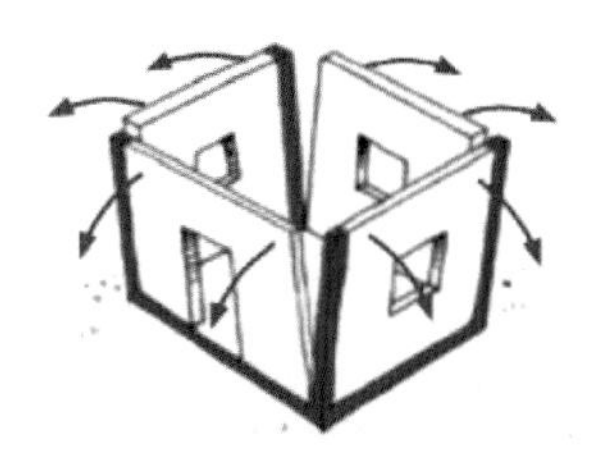
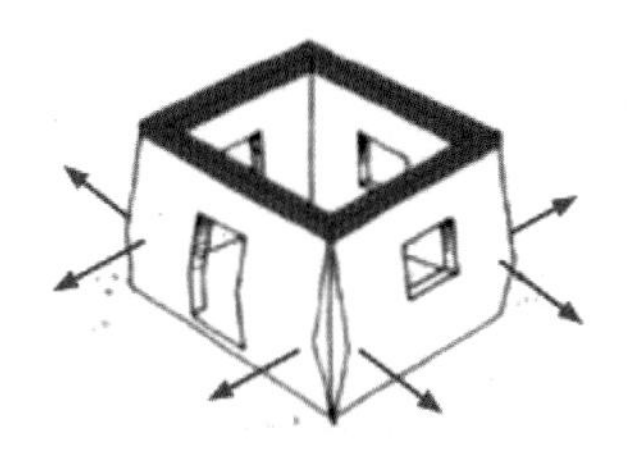

图8-3 无圈梁的建筑墙柱发生倒塌，屋顶的圈梁可以将建筑连接成整体 引自《Guidebook for building earthquake-resistant houses in confined masonry》（砌体结构抗震房屋建造指南）（Swiss Agency for Development and Cooperation SDC（世界住房百科全书），2018）

参 考 文 献

Bothara J，Brzev S，2011. A Tutorial：Improving the Seismic Performance of Stone Masonry Buildings. Earthquake Engineering Research Institute，Oakland，California，U. S. A.，Publication WHE - 2011 - 01，78 pp. www. world-housing. net/tutorials/stone-tutorials（accessed 10 July 2020）.

Charleson A W，2008. Seismic design for architects：outwitting the quake. Oxford，Elsevier：49-61.

Murty C V R，2005. Why are horizontal bands necessary in masonry buildings Earthquake Tip 14. IITK-BMTPC "Learning earthquake design and construction". NICEE，India. http：//www. iitk. ac. in/nicee/EQTips/EQTip14. pdf（accessed 5 May 2020）.

Swiss Agency for Development and Cooperation SDC，2018. Guidebook for building earthquake-resistant houses in confined masonry. http：//www. world-housing. net/wp-content/uploads/2018/11/Guide-book-for-building-eq-re-houses-in-cm_version-1806. pdf（accessed 5 May 2020）.

文章9：地方特色和地震时的建筑安全

在各个国家和地区都存在一些具有地域特色的传统建筑。传统建筑在材料的选择、布局、结构系统和结构构件之间的连接方面都融入了当地特色。

现代设计师和建筑商需要思考的是：哪些当地特色建筑的设计原则值得引入到新建建筑中来提高地震安全性。在回答这个问题之前，我们需要回顾一下传统建筑在地震中的表现。简单地说，传统建筑通常有以下特点：

（1）地板、屋顶和墙壁采用木材或竹材。

（2）质量轻，部分瓦屋顶除外。

（3）柱与梁之间连接较柔。

（4）建筑与地基之间的连接较柔。

因此，传统建筑更加轻巧柔性。地震时，它们会来回摆动。此外，如果建筑与地基的连接较弱，这可以视为建筑在一定程度上与震动的地面隔离。根据目前的地震设计实践经验，这些特性是有利的。例如，由于建筑所承受的地震力与其重量成正比，轻质的建筑材料使得建筑更为安全。

除建造在软土上的建筑，较柔的建筑对抵抗地震是有利的，但非常柔的建筑在地震中产生更大的侧向移动（图9－1和图9－2），也就遭受更严重的破坏。一般来说，应该避免建筑过柔。在建筑不从地基上脱落的前提下，较柔的地基连接有利于减少地震力。像医院等重要建筑通常建议采用现代的基础隔震体系（见文章23）。

但是将当地特色融入新建筑的机会非常有限。其主要原因在于现代建筑与传统建筑之间存在较大差异。首先，大多数新建筑使用

图9-1 采用当地传统材料和建造技术的新建建筑，在水平方向较柔

图9-2 具有民族特色的传统建筑形成了一种较柔的建筑类型

重型材料，如砖石和钢筋混凝土（图9-3）。为了减少地震时的侧移、损坏和维修成本，建筑通常具有较大的刚度。最后，实现建筑和地基之间的柔性连接也需要特殊的技术。

理论上，一些当地传统的建造方法可以提高建筑地震时的安全性，但由于现代建筑的构造方式大不相同，大多数传统建造方法不能直接应用，但在建筑中使用较轻的材料是可以直接应用的方法。

图 9-3 采用砖石和钢筋混凝土的传统建筑，并采用约束砌体墙

文章 10：填充墙及其在地震中对建筑的影响

填充墙是填充在柱和上下梁之间区域的砌体墙。填充墙在梁柱建造完成后砌筑，所以不承担竖向荷载。填充墙通常用于依靠柱和梁抗震的框架结构建筑中。虽然带填充墙的钢筋混凝土框架可能看起来与约束砌体建筑相似（见文章 7），但它们是两种完全不同的结构体系。

填充墙通常由烧制的黏土砖或混凝土砌块构成，使用水泥或石灰砂浆进行砌筑。填充墙有时会减少地震造成的破坏，但通常填充墙的存在会加剧建筑地震时的破坏。

当一个由柱和梁组成的框架经历地震震动时，所有的构件都会发生弯曲，整体结构产生横向移动（图 10 – 1a）。然而，如果有填充墙，这些墙将限制柱和梁的弯曲，并承受巨大的对角压缩力，严重时形成对角线裂缝。对角压力将作用于柱的顶部和底部，这些区

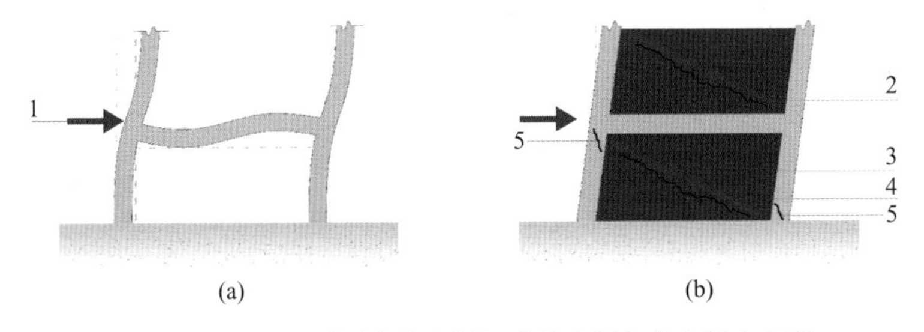

图 10 – 1　(a) 地震时由柱和梁组成的空框架产生侧向变形，(b) 地震 (1) 时填充墙 (2) 阻止梁柱的弯曲，并产生对角压力带 (3) 和墙体对角开裂 (4) 以及柱的破坏 (5)

域经常会受到破坏（图 10－1b）。对角斜裂缝增加了填充墙平面外破坏的风险，部分或整个填充墙可能从建筑中脱落（图 10－2）。可以在网络上搜索“砌体填充墙地震破坏”的图片，以获取更多信息。

图 10－2　地震时损坏的填充墙，有些已经从建筑上掉了下来

只有在以下条件得到满足时，填充墙才能提高建筑的抗震安全性：填充墙在建筑平面上对称布置，且必须从底层到屋顶连续布置。此外，填充墙的平面外方向必须有所加强，以防止因平面外震动造成的破坏，并且沿建筑其他方向的填充墙也需要满足相同的要求。最后，柱和梁，以及填充墙，都需要由合格的土木工程师进行设计。

如果不满足这些条件，地震时填充墙将遭受破坏，并对相邻柱造成严重损伤。到目前为止，最好的选择是采用不燃、重量轻、弹模小的材料替代砌体填充物，比如石膏板，并可以在填充物和梁柱之间的间隙使用玻璃胶填充。针对实心墙体，另一种选择是在填充墙与相邻的框架梁和柱之间留有微小的间隙，在间隙中使用可压缩材料填充（图 10－3）。该间隙允许柱和梁产生弯曲，但需要钢筋或钢支架来防止墙体平面外的晃动破坏。还有一种选择是将墙放置在柱的前面或后面，从而允许柱和梁弯曲（图 10－4 和图 10－5）。

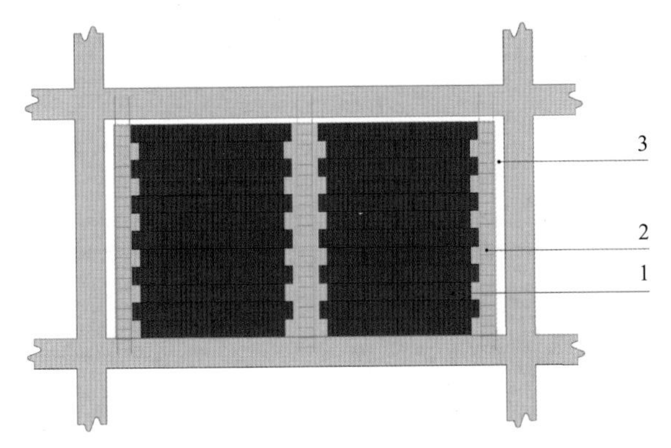

图10-3 砖石填充墙（1）利用中间柱（2）防止平面外的晃动，并与相邻框架柱之间留有微小缝隙（3），然后用可压缩材料填充

图10-4 利用中间柱增强填充墙平面外抗震能力实例（S. Brzev）

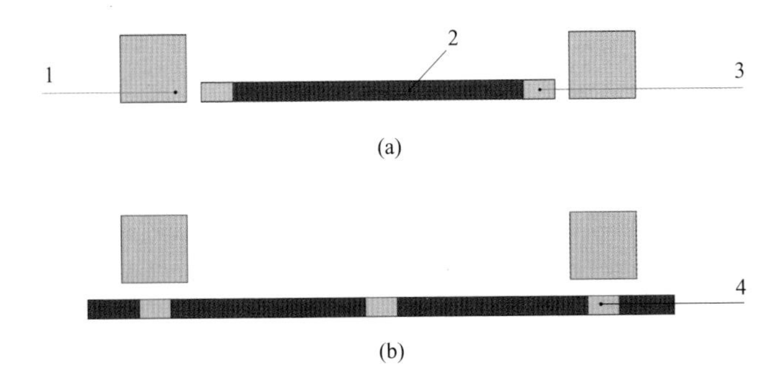

图10-5 （a）显示了填充墙（2）两侧的柱（1），其两端的小柱（3）提供稳定性。在（b）中，砌体墙的稳定柱（4）已从结构柱移开，以免妨碍弯曲

参 考 文 献

Charleson A W, 2008. Seismic design for architects: outwitting the quake. Oxford, Elsevier: 159-168.

Infilled frame Glossary for GEM Taxonomy. Global Earthquake Model. https: //taxonomy. openquake. org/terms/-infilled frame.

Murty C V R, et al. , 2006. At risk: the seismic performance of RC frame buildings with masonry infill walls. California, World Housing Encyclopedia. http: //www. world-housing. net/wpcontent/uploads/2011/05/RCFrame-Tutorial _English _Murty. pdf (accessed 8 June 2020) .

Semnani S J, Rodgers J E, Burton H V, 2014. Seismic Design Guidance for New Reinforced Concrete Framed Infill Buildings. Geohazards International. https: //4649393f-bdef-4011-b1b6-9925d550a425. filesusr. com/ugd/08dab1_5710341c7-b304eef9d79bfd50efe839a. pdf (accessed 8 June 2020) .

文章 11：要避免的结构弱点：薄弱层

对比图 11－1 中的两座建筑可知，它们的柱子和梁都足以承受自身的重量。但当建筑受侧向力时，会产生什么样的后果？

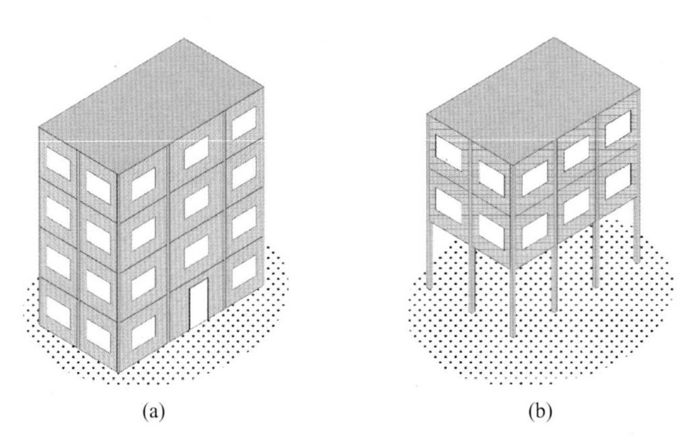

图 11－1　建筑（a）的每一层都有内外填充墙和隔墙，建筑（b）的底层没有这些墙体

地震时产生的侧向力会使建筑左右摇晃。建筑（图 11－1a）底层强度相对较高，可以抵御水平力。其每一层都有钢筋混凝土柱、钢筋混凝土梁和填充墙共同抵抗水平地震力，各层的强度基本相同。但图 11－1b 中的建筑在第一层没有任何填充墙，也许这一层用作停车场，但这一层的强度相较于上部楼层要低很多。一般情况下，建筑的底层或较低层应比上层更强。这与树干类似（图 11－2），大多数树干在靠近地面的部分最粗，因为在大风作用下根部是应力最大的位置。建筑与应遵循同样的规律，底层应是最强的位置。

图 11－2　大多数树干在底部最粗

当图 11－1b 中的建筑遭受地震时，最薄弱的地方会发生破坏。在这种情况下，建筑底层的柱子（图 11－3）将产生变形，受到损伤。通常情况下，损伤会导致柱子不足以再支撑起建筑的重量，引起柱子断裂继而导致大楼倒塌，底层被完全破坏，上面的一些楼层也有可能会遭受同样的破坏，造成不可避免的人员伤亡。这种现象被称为“薄弱层”破坏。

地震时薄弱层破坏非常常见（图 11－4）。读者可以在网络上搜索“薄弱层建筑”，可以看到许多其他类似的图片。但好消息是，只要设计师和工程师在设计及建造新建筑时严格遵循当地的设计规范和施工指南，就可以避免薄弱层破坏。更多的详细信息，请参阅“参考资料”。

提升已存在薄弱层建筑（图 11－5）的抗震性能也是可行的。已有多个国家开展了建筑的抗震加固计划。但是，涉及采用新型结

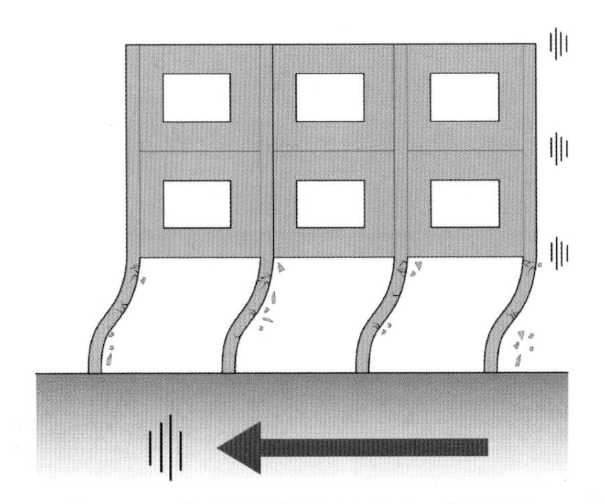

图 11－3　薄弱层的柱子过度弯曲，损坏严重

图 11－4　建筑的底层薄弱层在一次地震中倒塌（N. Vesho）

构体系加固时，例如增加支撑和剪力墙，承包商实施时非常困难，施工成本高，同时会影响居住者的正常生活。因此，在设计房屋时，设计师和土木工程师应通力合作，避免新建筑产生薄弱层，这样设计出来的建筑几乎不会产生额外的加固成本。

图 11-5 一栋典型的底层为薄弱层的建筑

参 考 文 献

Charleson A W, 2008. Seismic design for architects: outwitting the quake. Oxford, Elsevier: 144-148.

Murty C V R, 2005. Why are Open-Ground Storey Buildings Vulnerable in Earthquakes? Earthquake Tip 21. IITK-BMTPC "Learning earthquake design and construction", NICEE, India. http://www.iitk.ac.in/nicee/EQTips/EQTip17.pdf (accessed 5 May 2020).

Soft Storey. Glossary for GEM Taxonomy. Global Earthquake Model. https://taxonomy.openquake.org/terms/soft-storey-sos#.

文章 12：要避免的结构弱点：不连续墙

对于依靠墙体抵抗水平地震作用的建筑，墙体需要从地基一直到屋顶沿垂直方向连续布置。墙体在垂直方向连续布置的原则适用于任何材料的建筑，不管是钢筋混凝土还是砌体结构。即使墙体是填充墙，不是主要的受力构件，也同样适用此原则。填充墙也有强度和刚度，意味着在一定程度上可以作为结构构件受力，即使设计时并没有考虑其受力。

不连续墙的布局主要有两种类型。第一种类型如图 12－1a 所示，除了第一层外，其他各层的柱和梁之间都有填充墙或结构墙（图12－1a）。这种布局很可能导致在破坏性地震中出现薄弱层。之前在文章 11 已经说明了薄弱层的危害。

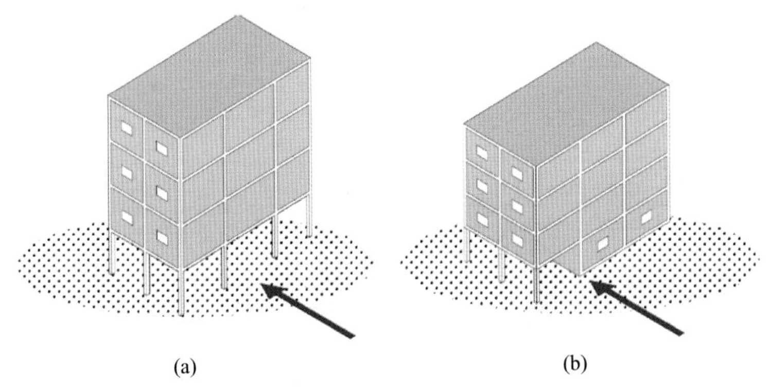

图 12－1　两种类型的不连续墙

（a）底层没有填充墙；（b）底层填充墙的布置与其他楼层相比有偏移

第二种类型的不连续墙布置特点是墙体相对其他层有所偏移（图 12-1b）。每层楼可能都设有填充墙或结构墙，与上部楼层相比，底层的墙体布置位置靠后。因此，上层墙体较底层墙体更凸出（图 12-2）。在墙体抵抗水平地震时，墙体的偏移会造成严重的局部损伤。一个偏移的墙就像一棵弯曲的树（图 12-3）。一场强风可能会使这棵树在弯曲处折断。任何结构的内力都不希望产生方向突变。因此，如何解决这个问题？

图 12-2　街道上偏置填充墙的建筑

图 12-3　树干的弯曲导致的局部薄弱点

当结构中存在有偏移墙体时，最有效的解决方案是确保偏移的墙体不是结构构件。建筑中的其他结构构件，如梁和柱，必须足以抵抗与墙体平行的地震力。在设计时，任何存在偏移的砌体墙都应被不燃的轻质材料所代替，如石膏板或玻璃板。这些材料强度很低，在地震中不能作为受力构件。或者参考文章 10，将偏移的砌体墙与结构框架分开，以防止墙体作为结构构件发挥作用。

参 考 文 献

Charleson A W，2008. Seismic design for architects：outwitting the quake. Oxford，Elsevier：151-153.

文章 13：要避免的结构弱点：短柱

柱子作为建筑的承重构件，尤其当柱子较长、截面较短时，可能会引起屈曲等问题。然而，从结构抗震设计的角度来看，短柱也可能会导致严重的结构破坏。虽然不像薄弱层那么危险，但短柱在地震中的表现也非常糟糕。

短柱通常形成于局部填充墙体的梁柱结构的非填充部位（图 13－1 和图 13－2）。“短柱”的另一个更贴切的术语是“受控柱”。这是因为在水平地震作用下，柱子的一部分会被局部填充的墙体约束住，阻止其发生像普通柱子一样的侧向弯曲。因此，柱子仅在未被填充墙约束的较短长度内可发生水平运动。这就是问题所在！

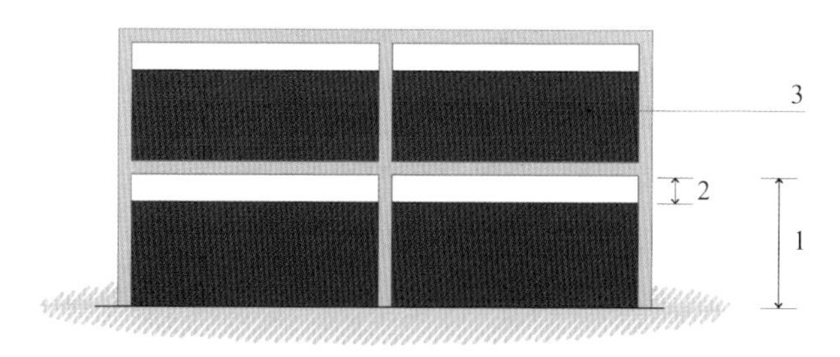

图 13－1　带有短柱的建筑的立面图。由于填充墙（3）的影响，弯曲仅发生在窗户（2）的高度区域，而不是能够在整个高度（1）上弯曲

正常的柱子不受填充墙的影响，能够在地震中自由的侧向弯曲。在弯曲过程中，柱子会产生不严重的细小裂痕。然而，如果柱子受到填充墙局部约束，通常发生在柱子整个楼层高度上的运动会集中到填充墙顶部以上的“短柱”中（图 13－3）。这种在短的垂

图 13－2　从抵抗水平力的角度来看，普通高度的柱子被局部填充墙缩短了

直距离上的水平运动不仅会造成严重的结构损伤，而且短柱还会因刚度过大而无法弯曲，从而因剪切作用像胡萝卜一样折断。短柱上将形成对角斜裂缝，受损区域混凝土将产生剥落（图 13－4），建筑发生严重破坏，最终需要拆除。在网上搜索“短柱效应”可以看到许多此类损坏的图片。

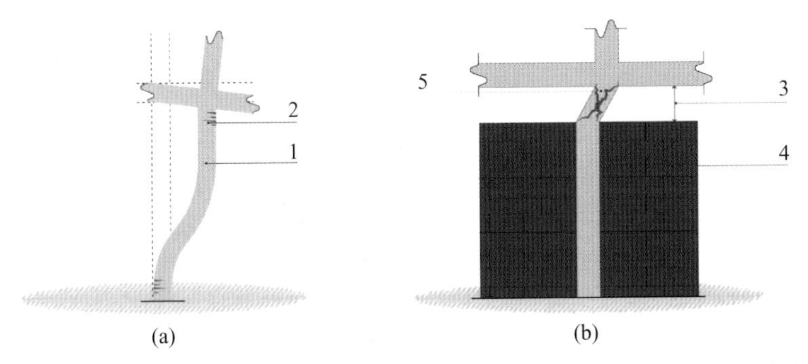

图 13－3　（a）地震期间发生水平侧移和弯曲的柱子（1）会产生裂缝（2），但仍能保持强度。在（b）中，上部的窗户（3）和砌体填充墙（4）导致短柱出现严重的对角裂缝（5），从而导致柱子解体

图 13-4　地震损坏的短柱

有几种方法可以避免产生短柱。首先，减小窗户的高度，使其端部离柱顶部有一定的距离。其次，用不可燃的轻质材料（如水泥板）制作填充墙，这种材料较柔，无法限制柱子下部的变形，所以柱子可以正常弯曲。最后，采用与主体结构分离的填充墙，填充墙可通过狭窄的竖向间隙与柱子隔开并采用钢支架来保持面外稳定，以确保在地震作用时它们不会掉出或者落入建筑（图 13-5）。

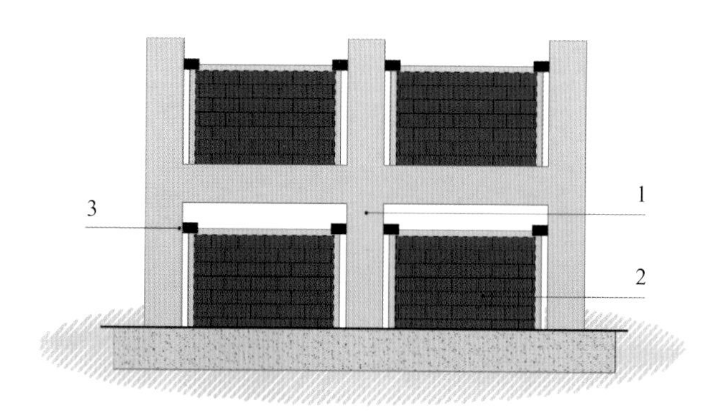

图 13-5　可能形成短柱（1）的砌体填充墙（2）钢筋混凝土框架，墙体由柱和梁约束。填充墙与框架之间通过竖向隔离缝分开，但在其顶角处通过固定在柱子上的钢支架（3）进行约束。这些支架允许柱子和墙体之间的平行移动，但防止了地震期间墙体从建筑上掉落

参考文献

Charleson A W，2008. Seismic design for architects：outwitting the quake. Oxford，Elsevier：148-151.

Murty C V R，2005. Why are Short Columns more Damaged During Earthquakes? Earthquake Tip 22. IITK-BMTPC "Learning earthquake design and construction"，NICEE，India. http：//www. iitk. ac. in/nicee/EQTips/EQTip17. pdf (accessed 5 May 2020) .

Short Column. Glossary for GEM Taxonomy. Global Earthquake Model. https：//taxonomy. openquake. org/terms/short-column-shc.

Video：Captive column by Cale Ash，Academy of Earthquake Safety. https：//www. youtube. com/watch? v=kRG3XwOvzuo.

文章14：防止建筑在地震中扭转

在某种程度上，所有的建筑在地震中都会发生扭转。扭转意味着当从上方俯视一座建筑时，它会轻微旋转。地震动本身会导致建筑扭转，而建筑结构与建筑平面不对称会加重扭转程度（图14－1a）。

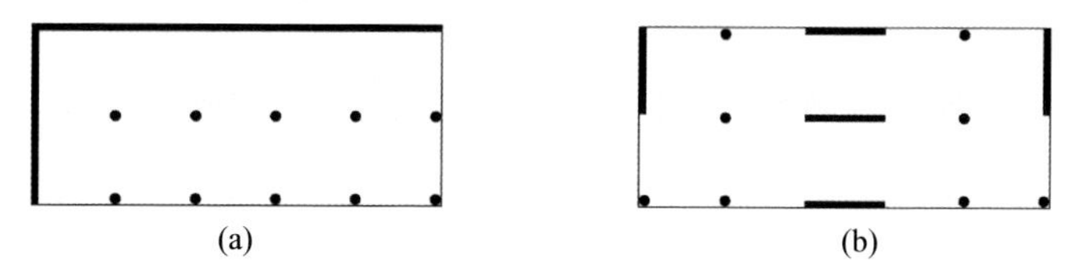

图14－1　两个建筑的底层平面图。在（a）中，每个方向的地震力都由建筑一侧的墙所承担，该墙与建筑的平面不对称。这栋建筑在地震中会严重扭转。在（b）中，每个方向的墙都是对称的，扭转将会最小

可以通过以下实验来理解这一问题。用你的身体感受一下建筑经历的过程。首先，站立直立，将你的手臂横向伸开。然后，先旋转你的头和肩膀，然后再旋转另一个方向（图14－2）。你可以感觉到你的身体在转动，经历扭转。

当你扭动身体时，你会注意到你的手相比你的耳朵移动的距离更大。接下来，想象你的身体是一个支撑着更大建筑的结构核心或塔（图14－3），其宽度延伸到你的手指尖。想象你的每只胳膊上沿着宽度有几个柱子支撑着你的“建筑”的底层。当你和你的建筑扭转时，离核心越远的柱子侧移幅度越大。当侧移过大时，它们会在这个过程中受到严重的损伤，甚至可能无法再支撑建筑的重量。

图 14－2　转动你的身体以体验扭转

图 14－3　在建建筑中的钢筋混凝土核心的示例

设计师、土木工程师和建筑师有两种方法来控制扭转并减少柱子的损伤。首先，他们将承重墙或其他竖向结构，如柱、梁框架，合理对称地布置在平面上（图 14－4b）。其次，在建筑的两个水平方向，提供至少两个分离的刚性竖向构件，比如墙体。如果这两个构件位于建筑的周边，即同时位于建筑的端部和侧面，那么它们对控制扭转最为有效，可防止柱子的过度侧移以及随之产生的严重损伤（图 14－4）。

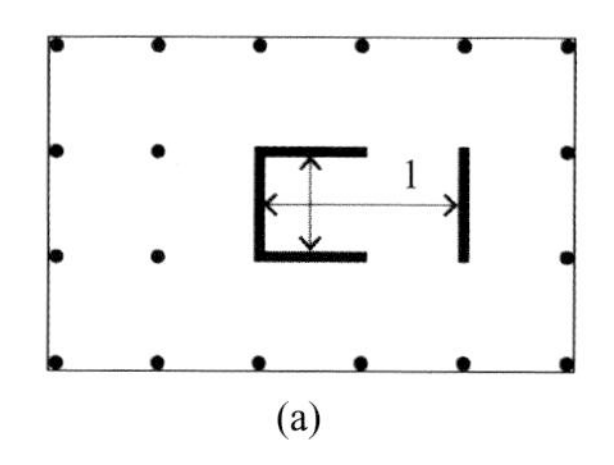

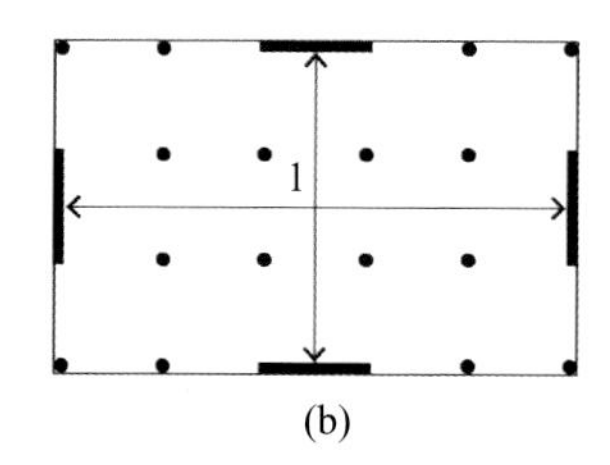

图 14－4　两个建筑的底层平面图。在（a）中，沿着建筑的两个方向的地震力由两堵合理对称放置的墙来承担。这些墙是分离的（1），但间距不大。然而在（b）中，在每个方向发挥作用的墙都具有最大间距（1），因此对整个建筑的扭转起到了最佳控制效果

参　考　文　献

Charleson A W，2008. Seismic design for architects：outwitting the quake. Oxford，Elsevier：128－132.

Murty C V R，2005. How Buildings Twist During Earthquakes? Earthquake Tip 7. IITK-BMTPC "Learning earthquake design and construction"，NICEE，India. http：//www. iitk. ac. in/nicee/EQTips/EQTip07. pdf（accessed 5 May 2020）.

Torsion eccentricity. Glossary for GEM Taxonomy. Global Earthquake Model. https：//taxonomy. openquake. org/terms/torsion-eccentricity-tor.

文章 15：为什么地震时建筑会互相撞击

你是否曾乘坐过拥挤的公共交通工具，比如公共汽车或火车？车辆匀速行驶时，乘客之间距离尽管很近，但互相之间不会碰撞。然而，当车辆改变速度或方向时，所有人都会移动，这会导致乘客互相碰撞。

地震时会发生类似的情况。当地面震动时，建筑会放大震动。但是，建筑并不是一起振动，或者说并不是同步振动。每个建筑都是不同的，并且在地震期间运动的方式也不同，发生共振的频率也不同，导致每个建筑来回运动的幅度差异很大，运动幅度会随着建筑的高度增加而增加。

如果建筑盖得太靠近，当地面震动时，由于每座建筑的振动都不一样，这些建筑有可能撞击它们的相邻建筑，有时会造成严重的破坏（图 15－1 和图 15－2）。在网上搜索“地震时的建筑撞击”的图片，可以发现世界各地地震中存在许多撞击破坏的例子。

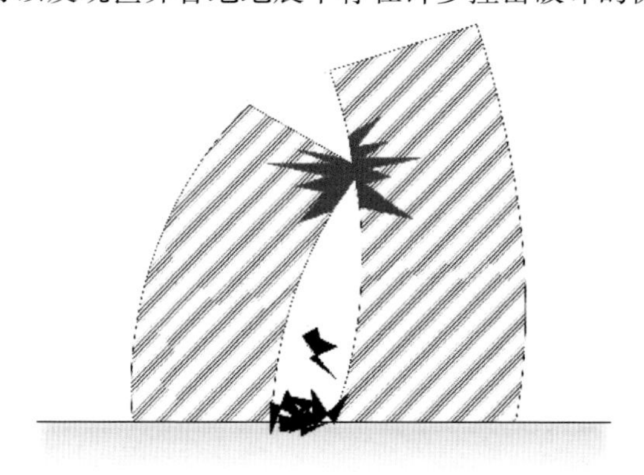

图 15－1　两个建筑之间的间距不足，在地震时相互撞击

图 15 - 2 两栋建筑相互撞击时其中一栋受损严重

防止建筑之间碰撞的解决方案很简单。建筑之间的间隙（即防震缝）需要足够宽。这样在地震时，建筑不会越过边界撞上临近的建筑（图 15 - 3）。在全球许多城市，这些间隙的设置已成为标准做法。

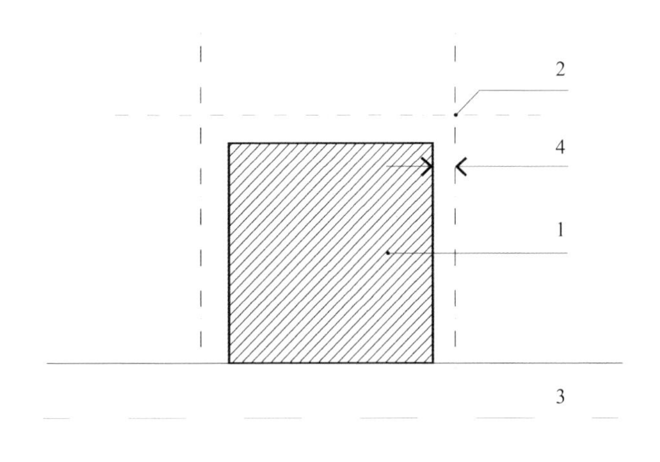

图 15 - 3 建筑（1）在其边界（2）内和在街道（3）上的平面图。在三个方向上，建筑都从边界后退一段距离，即防震缝的宽度（4）

这些通常被称为“防震缝”的间隙需要有多宽？这取决于建筑的高度和柔性。对于抗震规范允许的最柔建筑，间隙宽度约为建筑高度的 2%。对于一栋 4 层建筑，间隙宽度约为 240mm。如果土木工程师设计一栋更刚的建筑，例如，有更大的柱子和梁，或更长的剪力墙，那么更窄的防震缝也是可行的。当相邻的建筑靠得很近时，防震缝应采用柔性防水板覆盖（图 15－4 和图 15－5）。

图 15－4　两座建筑被一个被柔性防水板覆盖的防震缝隔开

在强震中，防止间隙很窄或者没有间隙的既有建筑之间的碰撞很难。如果相邻建筑的楼层对齐，楼板之间的碰撞导致的损伤较低。而相邻建筑的楼层不在同一高度时，将导致较为严重的损伤。在这种情况下，一栋建筑的楼板会严重损坏另一栋相邻建筑的柱子。

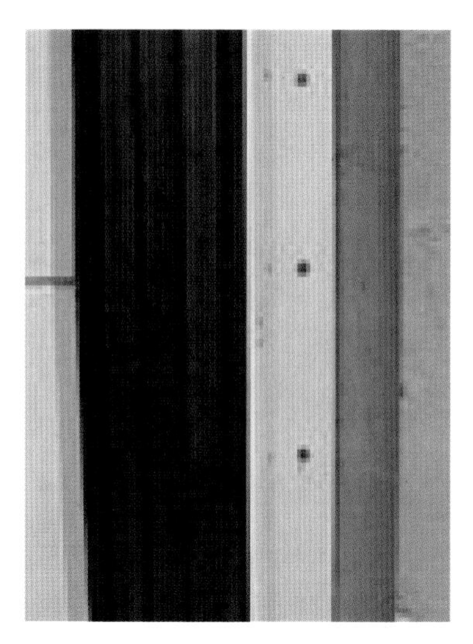

图 15 - 5 覆盖防震缝的防水板细节图

参 考 文 献

Charleson A W, 2008. Seismic design for architects: outwitting the quake. Oxford, Elsevier: 137-139.

Pounding potential. Glossary for GEM Taxonomy. Global Earthquake Model. https: // taxonomy. openquake. org/terms/pounding-potential-pop.

文章 16：建筑规范和标准

建筑规范和标准的目的是：第一，确保建筑安全。第二，在有效利用材料的同时，确保建筑在使用寿命期间没有像梁挠度过大这样的缺陷。规范和标准通常是科学研究、工程实践、政府部门和承包商的专家团队利用他们自己的研究和经验（图 16－1）来制定。此外，他们还会调查海外的最新进展，如果适合当地条件，这些进展会被纳入新的或更新的规范（或标准）。发布后，规范代表了安全、耐久且经济的最新建造方案。

图 16－1　正在实验室测试的足尺钢筋混凝土梁柱

然而，像所有行业一样，建筑行业也在发生变化。新材料、新施工技术和新设计方法不断涌现（图 16－2）。变革和创新源于从业者和研究者。这意味着规范需要定期更新，否则，将会导致建筑既不安全又不经济。

图 16－2　该建筑是使用预制混凝土的创新示例

规范制定了建筑的最佳实践标准。为了建筑所有者或居住者的利益，以及为了更广大的社区利益，必须遵守建筑规范和标准规定。未能遵守某些标准会导致严重后果。想象一下生病去医院检查时，如果医生为了节省时间在检查过程中走捷径，如不测量血压或不进行 X 光检查，诊断可能会出错。在这种情况下，所开的药可能无效，病人病情会恶化。所以，规范和标准是为了更好地保护建筑所有者或居住者。

在情况复杂、个人知识和经验有限的情况下，遵守规范尤其重要。设计和建造地震安全建筑就是一个例子。几乎没有土木工程师、建筑师和建筑商亲眼目睹过大地震中建筑会发生什么——它们会受到越来越多的损伤，直至最后倒塌。大多数建筑专业人员也没有亲眼看过试验室中对建筑构件，如柱和梁，进行地震荷载的试验。规范弥补了个人关于地震的经验、知识和智慧的不足。遵守规范是建设地震安全房屋的唯一途径。

规范在建筑设计和施工的所有阶段都提供指导（图 16－3）。

土木工程师和建筑师在设计和施工阶段必须遵守某些标准。建筑商必须确保建筑材料和施工方法也符合标准。遵循标准是为了用户的利益。如果出现错误或走捷径，那么建筑在地震中可能无法保证安全，因此，必须始终遵守建筑规范和标准。

图 16－3　正在施工的基础。工程师已按照规范确定钢筋的数量及其位置

文章 17：建筑法规中应注意的问题

建筑法规（例如建筑规范和建筑标准）是建筑建造、设计和运维的规则。它们保护了人们的安全，为建筑环境的安全、健康提供了有力支撑。法规反映出建筑是可以通过设计保障地震安全的，并且制定了实现该目标的规则。

那么，我们对建筑法规应有何期待？怎样才能使它们更好地确保建筑安全？以下是五点建议：

（1）反映我们的社会状况和期望。法规需要适应整个社会，包含文化、经济状况以及公民的期望（图 17－1）。所实施的标准水平可能不及高收入国家，但应经各利益相关者达成共识，标准应适应当地的条件。同时还需要关注当地流行的、没有专业人员的施工实践以及包括增量施工在内的传统施工（图 17－2）。

图 17－1　人们期待在能地震安全的建筑中生活

图 17 – 2 法规及其实施对于提高这种类住房的地震安全性是必要的

（2）公平公正。法规对所有人都要公平，不偏袒建筑业之外或之内的任何一方，比如可能从特定法规中获益的建筑材料制造商等。

（3）易于获取和理解。建筑法规需要便于公众和建筑行业利益相关者（土木工程师、建筑师和建筑商）获取。出于培训目的，法规文件也应开放获取，规范可以在网上提供。同时法规还必须简洁明了，使读者能够理解和解读法规的要求。目标是公开透明。

（4）对不断变化的环境和新信息做出反应。虽然建筑行业的变化速度比某些行业（如 IT 行业）慢，但建筑法规仍然需要保持更新。否则，它们会抑制创新，减少更经济、高效的建筑实践的机会。此外，不安全的建筑做法也需要改进。建筑法规需要反映当前的知识、建筑行业的能力和实践（图 17 – 3）。

（5）是更广泛的监管过程的一部分。建筑法规需要法律和行政支持。规范的实施需要培训和执行。所有利益相关者对于地震安全建筑的培训需要来自建筑行业各层级的培训专家以及专业社团。建筑管理部门可以提供帮助，但他们的主要角色是以一种经济有效、高效率和透明的方式执行法规。

图 17－3　建筑法规需要指定新材料安全且实用的使用方法，比如这些轻型砌块

参 考 文 献

Hoover C A, Greene M eds, 1996. Construction quality, Education, and Seismic Safety. Earthquake Engineering Research Institute, Oakland: 68.

Moullier T, 2015. Building regulation for resilience: managing risks for safer cities. Word Bank Group and GFDRR, Washington: 136. https://www.preventionweb.net/publications/view/48493 (accessed 23 April 2020).

文章 18：对按规范设计建筑的期望

为了在地震中保持安全，建筑必须根据当地规范进行设计和建造。否则，建筑可能会在中震或大震中严重受损或倒塌。然而，即使建筑完全符合建筑规范，它仍可能遭受严重破坏。

符合规范的建筑在大地震中遭受破坏的第一个原因是规范设定的标准是最低标准。如果建筑符合这些最低标准，就被认为是安全的，那这是一种误解。规范编写者认为，社会在提供地震保护方面不能抱有过高的期望。因此，一座建筑并不是为最糟糕的情况设计的，因为在建筑的使用寿命期间，这种情况发生的概率非常小。相反，建筑是为在 50 年期间发生概率为 10%的较小地震设计的。因此，目前规范主要旨在挽救生命和减少伤害，而不是保护建筑本身。这意味着在大震期间，符合规范的建筑不应倒塌，可能会遭受严重破坏，而是否能经济地修复则难以确定。

其次，建造非常坚固、在地震中不会受损的建筑需要付出巨大的额外成本。如果建筑的结构设计旨在避免损伤，通常需要增加 5 倍的强度，这意味着柱子和梁要比正常情况大得多。规范允许工程师考虑地震发生的可能性和构件抗震能力进行设计，此时可以降低地震作用的需求，但必须保障建筑在强烈地震时不发生倒塌。这意味着，虽然柱子、梁和墙壁的损伤是不可避免的，但它们不能突然断裂和倒塌。

工程师们往往在梁上设计应用“结构保险丝”（图 18-1）。就像电路中的保险丝保护敏感的电子元件一样，结构保险丝在非关键位置，如梁的末端，保护更关键的结构构件，如柱子。

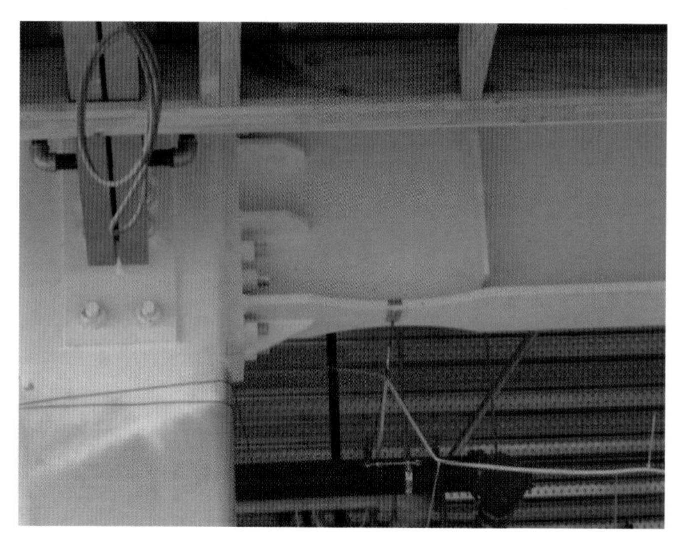

图 18－1 正在建设中的建筑，左侧有一根柱子，一根钢梁连接到柱子上。请注意靠近柱子的梁的底板（翼缘）尺寸是如何减小的。这个有意削弱的区域将是大地震中形成结构保险丝的地方。该区域的钢材会拉伸但不会断裂

最后，符合规范的建筑仍会发生幕墙和隔墙以及其中物体（包括机械设备）的损伤。在地震期间，地板和屋顶会前后摇摆。除非墙壁经过精心设计，否则这些运动会损坏抹灰，还会将电器和小物品等内容物抛出（图 18－2）。

规范试图在发生大震的可能性和设计成本及其他影响之间取得平衡。规范根据建筑类型指定最低标准。例如，医院必须按照比办公楼更高的标准设计。鉴于规范规定的是最低标准，客户可以要求设计更高性能的建筑。这可能需要更强且通常更大的结构，或采用特殊的抗震系统，如基础隔震（见文章 23），这种技术已被应用于我国的一些建筑（图 18－3 和图 18－4），并越来越多地用于医院等重要建筑。它稍微贵一些，但这是确保此类建筑在地震后立即投入运营并防止严重损坏的唯一方法。

图 18－2　地震损坏建筑的示例，其中填充墙没有经过抗震设计以承受地震期间的力和位移

图 18－3　采用基础隔震的北京大兴机场

图 18－4　位于每根柱子的底部和基础之间，包含许多薄钢板的圆形橡胶支座，隔离建筑免受水平地震震动的影响

文章 19：在建筑设计过程中进行检查的重要性

人都会犯错，大多数错误不会造成严重后果，但有些会。错误的来源有很多，有些可能是无意的，如由于粗心或者注意力不集中，或可能是由于理解不足。有些错误是故意的，比如不按计划行事而走捷径，或者为了经济利益而使用劣质材料。在建筑行业，错误可能会造成生命损失，尤其是在破坏性地震期间。在设计过程或施工过程中所犯的错误可能不会立即显现，但这种缺陷可能决定了建筑在地震中是保持直立还是倒塌（图 19－1）。

图 19－1　如果这面钢筋混凝土墙缺少几根钢筋，地震期间可能会发生严重损坏

一些行业试图通过实施一种检查制度来减少错误并提高安全性。航空公司就是一个好例子。阅读副驾驶的职位描述，你会发现检查是工作的重要组成部分。飞行需要检查的方面很多。如果漏掉了一个方面，比如燃料需求，结果可能会是灾难性的。检查清单是确保安全的关键工具。

没有人喜欢让别人检查自己的工作，但这个过程是必要的，尤其是在错误可能造成危险的时候。建筑的设计和施工就是这样一个领域。对于土木工程师来说，设计一座能够抵抗日常外力的建筑相对简单，但是设计一座能够抵抗大地震的建筑就比较困难了。这需要更高水平的知识、理解和经验，也意味着更容易出错。因此，我们需要某种形式的检查，这种检查要独立于原始设计者，通过必要的检查计算、计划和规范，以确保它们符合当地规范和标准（图 19－2）。

图 19－2　在设计和施工期间，工程师检查了这些钢筋混凝土墙，以确保结构设计合理，且施工符合计划

询问土木工程师已经进行了哪些检查。工作是否由同一公司中具有资质的人员独立检查，或者更好的是，由另一家公司的工程师检查？如果没有，那就去做，尽管这会花费一些费用。经过检查后，就可以申请建筑许可证了。即使建筑部门在颁发建筑许可证之前没有进行安全技术检查，但只要在现场严格按照施工文件进行施工，也可以确保建筑在地震时的安全性。

文章 20：在建筑施工过程中进行检查的重要性

文章 19 概述了在申请建筑许可证，并且在开始施工之前，进行独立检查设计计算、计划和规格的必要性。检查使客户有信心认为已遵循了当地的规范和标准，因此建筑可能是地震安全的。

接下来的挑战是在施工过程中安排检查。像我们任何人一样，建造者会犯偶然错误，有些人还选择故意不遵循计划和规范。他们可能会遗漏钢筋，钢筋加工方式不正确，在混凝土中使用太少的水泥或使用劣质的砖块或砌块（图 20－1）。没有检查，即使是新建的建筑在地震中也可能不安全。有很多非常糟糕和不安全的施工例子（图 20－2）。如果建造者遵循了计划和规范，那么建筑在设防地震中应该是安全的。

图 20－1　正在测试钢筋以检查其是否达到标准

图20－2　这个柱子的钢筋在许多方面都不符合当地的规范和标准。在中到大地震中，它将受到严重破坏

建筑部门可能对施工过程中的质量保证有一些要求。如果有，就遵循这些要求。如果没有，请设计该建筑的土木工程师监督其施工。通常这意味着要定期到现场进行检查，特别是在重要工作节点之前（图20－3），例如，在模板遮住钢筋并浇筑混凝土之前，应检查柱子中的钢筋。询问工程师，以便在项目结束时可以签署一份声明，表明施工遵循了计划和规范。

有些人可能会试图省钱而避免或减少检查工作。在这些情况下，对地震安全至关重要的细节可能被错误地建造，甚至根本没有建造。为什么要因为糟糕的施工将自己和他人处于地震危险之中？这不值得！

图 20－3　工程师需要定期到施工现场检查，以确保施工符合计划和规范

文章21：防止非结构构件的地震损伤

上述大部分文章都是关于在地震中确保建筑的结构能保护居民，目标是避免严重的结构损伤。如果达到了这个目标，那么地震中生命安全就得到了保障，而且从技术和经济两方面去考虑，震后结构的修复似乎是可行的。但是建筑的其他部分发生损伤会造成什么样的后果呢？

在成本方面，主体结构只占建筑总成本的一小部分。通常，大约70%的建筑成本来自于结构以外的部分。这些通常被称为“非结构构件”，例如烟囱、屋顶覆盖物（如瓦片）、幕墙、玻璃、隔墙、天花板、机械和电气系统等等，我们还不应忘记那些可能非常昂贵的建筑装修和设备。这些非结构构件不仅代表着一笔巨大的投资，在地震期间，许多构件还可能会带来额外的地震风险，因此不应该忽视对这些“贵重”构件的震害研究。

非结构构件受损有两个原因。首先是由于结构的侧移，其次是由于地震动产生的加速度。可以通过在网上搜索“非结构的地震破坏”来查看相关图片。

地震期间发生的侧向移动可能会损坏像砌体外墙和隔墙那样的构件。当建筑的上层水平位移超过下层时，我们认为这些构件会受损（图21－1）。毕竟，拥有较高刚度但更脆的填充墙与相对柔性的结构框架无法做到变形协调。对于墙壁等构件，可以通过使其柔度增加（干式框架），或将其与上面的柱子和楼板分开来减少地震带来的损伤。这需要仔细的建筑细部设计。

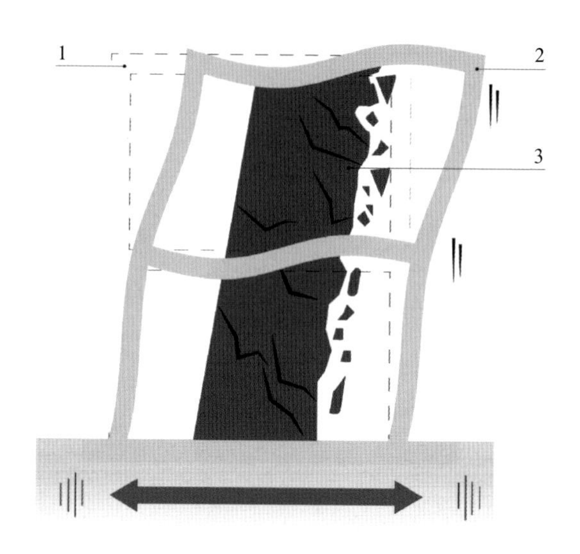

图 21－1　震前（1）和震中（2）的结构框架。由于框架的摆动，上下两层的结构发生水平位移而导致隔墙（3）破坏

其他非结构构件大多是由于地震加速度而受损。强烈的震动会破坏构件，将它们从固定装置上震落，使它们倒下（图 21－2 至图 21－4）。未被约束的建筑内容物被抛来抛去，导致伤亡和破损。从以往震害中学到的教训是，应该约束非结构构件。所有的物品，包括水箱和机械电气设备，都必须被约束或固定（图 21－5）。否则，在震动过程中，它们会滑动或倾覆，造成的伤害通常远超过它们自身的损坏。可以参考 FEMA E-74 文件以了解典型的约束固定方法。许多约束或固定装置非常便宜，在减少地震损害这一方面不失为一种明智的投资。

图 21－2　地震震动导致的隔墙破坏会危及生命

图 21－3　砖烟囱在屋顶处断裂并倒下。剩余的大部分烟囱受损（N. Allaf）

图 21-4　地震摧毁了这个建筑的大部分砖石外墙和玻璃

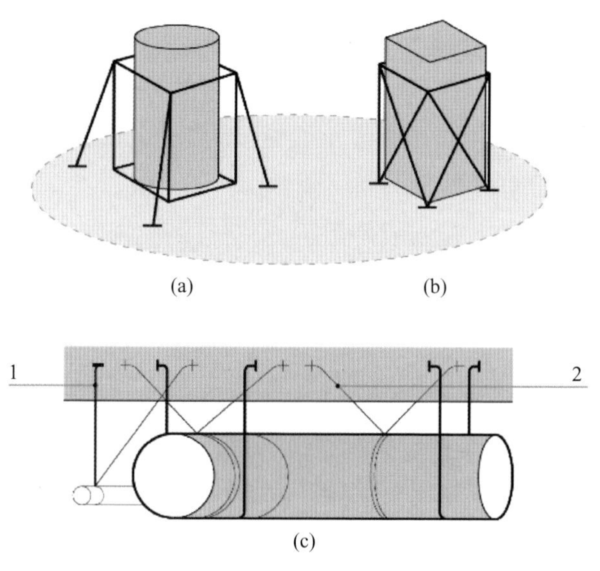

图 21-5　储罐（a）和机械设备（b）应进行支撑以防御地震。另外，在（c）中，管道吊架（1）和管线得到了支撑（2）

参 考 文 献

Charleson A W, 2008. Seismic design for architects: outwitting the quake. Oxford, Elsevier: 173-186.

FEMA, 2012. Reducing the Risks of Nonstructural Earthquake Damage-A Practical Guide (FEMA E-74). https://www.fema.gov/media-library-data/1398197749343-db3ae43ef771e639c16636a48209926e/FEMA_E-74_Reducing_the_Risks_of_Nonstructural_Earthquake_Damage.pdf.

Murty C V R, 2005. How can Non-structural Elements be protected against Earthquakes? Earthquake Tip 27. IITK-BMTPC "Learning earthquake design and construction", NICEE, India. http://www.iitk.ac.in/nicee/EQTips/EQTip27.pdf (accessed 5 May 2020).

Nonstructural. Mitigation Center. Earthquake Engineering Research Institute. https://mitigation.eeri.org/category/structures/non-structural-abc-testing.

文章 22：建筑的抗震加固

加固是提高既有建筑抗震性能的过程，适用于被认为不安全的建筑。这有点像患有重病的人接受手术以延长生命。

在地震易发区对建筑进行加固的原因很多。在大多数情况下，建筑规范要求对在地震中被评估为危险的建筑，或抗震能力不足的建筑采取应对措施，如进行加固。其目的是通过减少大地震后的破坏和损伤来提高城市和社区的韧性。加固是我们可以采取的一项措施，用来避免未来所发生的灾难，包括受伤、丧生、失去住所和失业。通常，首先选择对社区最有价值的建筑，如医院和学校，进行加固。

对建筑进行加固的第一步是评估。经验丰富的工程师可以快速确定建筑是否有严重的弱点。例如，软弱夹层（见文章 11）或不连续墙（见文章 12）可能会在破坏性地震中导致倒塌。建筑的年龄可以反映其采用的设计和施工标准。例如，首批设计用于抵御强震的混凝土建筑是从 20 世纪 80 年代开始建造的。建筑所用的材料也是判断是否开展加固的重要指标。无筋砌体结构由于在过去的地震中表现不佳，通常需要加固。

如果初步评估显示需要进行加固，那么就需要进行更详细的工程调查和分析。小面积的拆除可揭示某些关键的建造细节是否安全（图 22－1）。

一个需要与建筑部门讨论的重要问题是加固的水准或标准应该是什么？是否应该将建筑提升到新建筑所要求的标准，或是接受较低的标准，但有更大的破坏风险？考虑到加固相对高昂的成本，往往需要做出妥协。所有这些工作最终将以详细的加固方案和设计呈

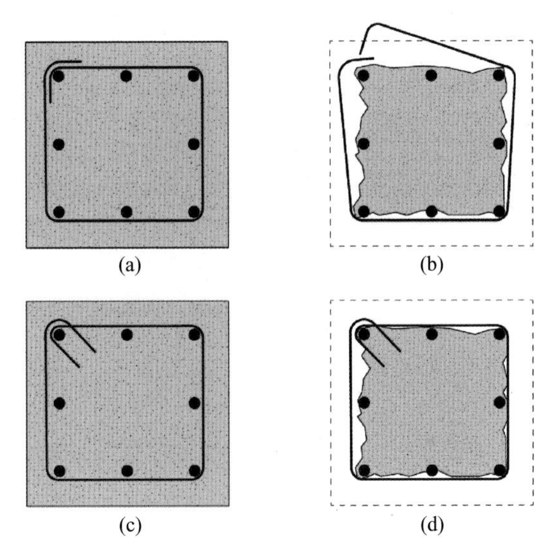

图 22－1 （a）显示了一个柱子横截面，其中箍筋末端弯钩为 90°。（b）当柱子在地震中不可避免地受损时，弯钩很容易被扯开，造成箍筋失效。（c）箍筋按照规范正确地弯曲，弯钩为 135°。（d）当立柱损坏时，箍筋仍然有效

现出来。

加固方案差异很大。每一栋建筑都必须单独处理，就像医生对待病人一样。有些建筑和其他建筑相比需要更多的干预措施，可能需要新的结构构件，如沿着结构纵向和横向的结构墙或交叉支撑（图 22－2 至图 22－5）；有些建筑可能只需要在一个方向上增加新的结构构件；而另外一些建筑则可能只需要拆除和替换重型砖墙来减少其重量就足够了。有时现有的结构无法加固，则需要拆除重建。在网上搜索“建筑抗震加固”可以找到很多例子。

最后，建筑加固通常是一个昂贵的过程，在很多情况下业主难以承担其费用。然而，对于砌体房屋（Neumann 等，2011）来说，图 22－5 是一个相对便宜的解决方案，可供业主参考。

图 22－2　这座医院大楼的抗震加固改造包括在每一端增设两道新的结构墙和基础

图 22－3　这座建筑末端的较厚结构是在现有结构上浇筑的新混凝土框架，用于提高抗震性能

图 22 - 4　在加固过程中，这座建筑中插入了几个钢支撑

图 22 - 5　通过在砌体结构的木地板下面设置钢支撑来提升抗震性能

参 考 文 献

Charleson A W, 2008. Seismic design for architects: outwitting the quake. Oxford, Elsevier: 187-205.

Retrofit. Mitigation Center. Earthquake Engineering Research Institute. https://mitigation.eeri.org/category/structures/retrofit-abc-testing.

Murty C V R, et al., 2006. At risk: the seismic performance of RC frame buildings with masonry infill walls. California, World Housing Encyclopedia. http://www.world-housing.net/wp-content/uploads/2011/05/RCFrame_Tutorial_English_Murty.pdf (accessed 8 June 2020).

Vargas N J, et al., 2011. Building hygienic and earthquake-resistant adobe houses using geomesh reinforcement. http://www.world-housing.net/wp-content/uploads/2011/06/Adobe-Geomesh-Arid_Tutorial_English_Blondet.pdf.

文章 23：先进的建筑抗震方法

世界各地的土木工程师普遍认为，建筑抗震设计的一个重要原则是建造坚固的基础来支撑上部建筑。然而，讽刺的是，虽然坚固的地基可以防止建筑在地震中下沉或倾倒，但同时也将地面震动传递到上部结构中，这导致地面上的楼层发生更强烈的震动。

解决这方面问题的巨大突破是隔震，这一方法最初应用于 20 世纪 60 年代。这种技术将建筑上部结构与地面震动效应在很大程度上隔离开来。一般是通过在建筑的基础与上部结构之间放置水平向可变形的支座来实现的（图 23－1 和图 23－2）。因此，它通常被

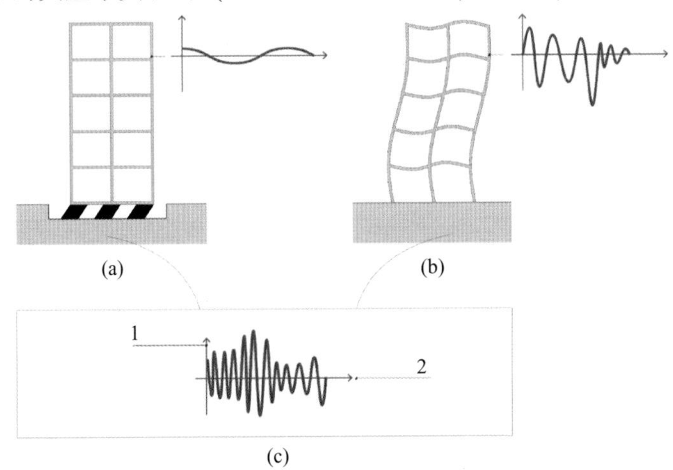

图 23－1　(a) 基底隔震的建筑作为一个整体在支座上移动，而 (b) 显示了传统建筑如何在其高度上弯曲。两座建筑都经历了相同的地震动 (c)，其中 (1) 是加速度，(2) 是时间。注意在 (a) 中的振动比 (b) 中的振动要小并且更温和

称为基础隔震。当地面震动时，只有一部分地震力通过柔性支座传递到上面的结构。

图 23－2 建筑下面的两个黑色的圆柱形隔震支座。每个支座都用螺栓固定在混凝土基座上，混凝土基座连接到地基和一根支撑上部结构的柱底部

最早的支座是大块橡胶和钢板形成的叠层结构。后来，插入了一个铅芯来吸收一些地震能量。从那时起，其他类型的支座层出不穷，例如摩擦摆系统，它通过两个曲面之间的滑动来隔离地震。可以在网上搜索查看“隔震装置”。

隔震是抗震的黄金技术。它为结构、非结构构件如隔断和幕墙以及建筑内容物提供了最好的保护。像日本、美国加利福尼亚和新西兰这样的地震易发区域，大多数新建医院都采用了隔震设计。

也可采用其他方法保证建筑在地震中的安全。例如，被称为阻尼器的装置沿着建筑的高度布置以减少结构振动的幅度。阻尼器的作用有时候看起来就像汽车的减震器（图 23－3）。它们在减震方面非常有效，因此通常被放置在对角支撑的顶部或底部（图 23－4）。另一种方法是整个支撑既作为支撑又作为阻尼器，称为“防屈曲支撑”（图 23－5）。

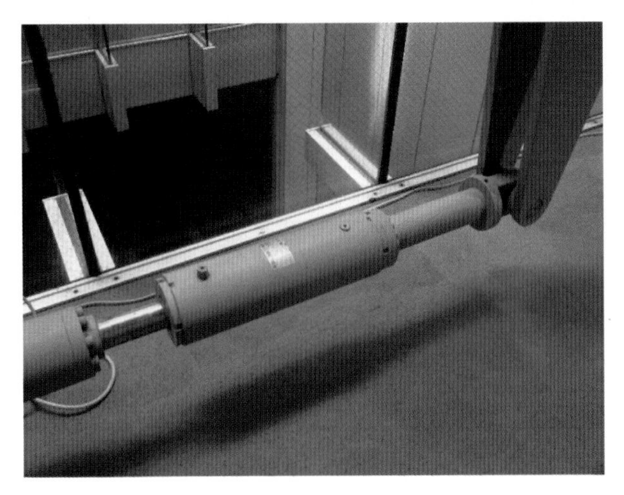

图23－3　一个用来减少建筑地震中振动的阻尼器

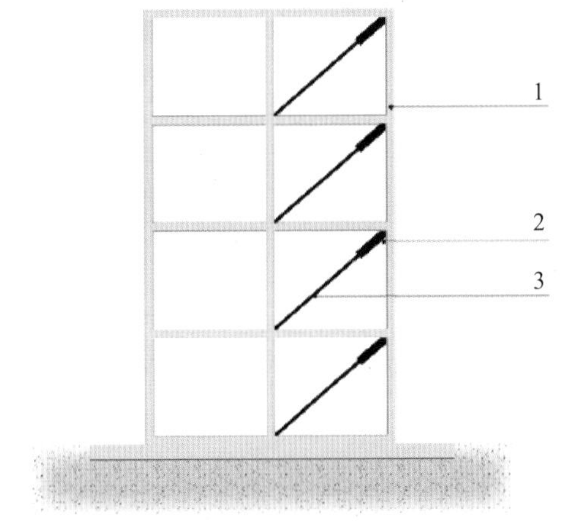

图23－4　由柱和梁组成的框架建筑（1），在斜撑（3）的顶部有阻尼器（2）

图 23－5　两个防屈曲支撑在地震中抵抗地震作用并减小侧移

另一种被称为“避免损伤设计”的新方法正在流行起来。在地震中有抗震能力的传统结构如墙和框架经过特殊设计，可保证在地震期间主要构件不会受损，而损伤仅限于可更换的耗能元件（图 23－6 和图 23－7）。

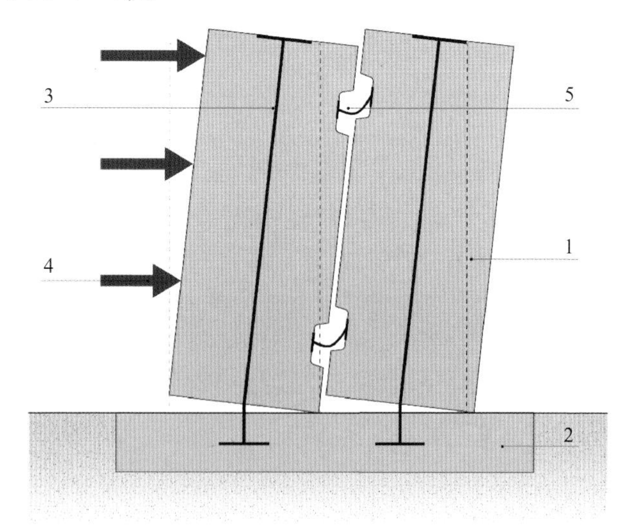

图 23－6　两个并排的混凝土墙（1）通过钢筋（3）与基础（2）连接，钢筋在地震荷载（4）作用时拉伸。钢板（5）变形，吸收能量并减少振动

图23-7 位于两堵摇摆墙之间的耗能元件

以上提到的技术都比传统的设计和施工方法复杂得多。因此，只有最有经验和能力的土木工程师才能够实施它们。

参 考 文 献

Advanced Technologies Introduction. World Housing Encyclopedia, EERI. https://www.world-housing.net/major-construction-types/advanced-technologies-introduction.

BRANZ. Concrete structures: techniques and devices used to create a low-damage buildings using concrete. http://www.seismicresilience.org.nz/topics/superstructure/commercial-buildings/concrete-structures/ (accessed 15 June 2020).

Charleson A W, Guisasola A, 2017. Seismic isolation for architects. London, Routledge.

Equipped with base isolation and/or energy dissipation devices. Glossary for GEM Taxonomy. Global Earthquake Model. https：//taxonomy. openquake. org/terms/equipped-with-base-isolation-and-or-energy-dissipation-devices-dbd.

文章 24：城市规划与地震安全

与之前的文章相比，本文的视角更加广阔。它探讨了城市规划时如何减少地震对地区、城市或社区的破坏性影响。就像提供饮用水和卫生设施等公共卫生举措可以预防广泛传播的疾病一样，城市规划可以减轻地震的影响并促进震后恢复。

城市规划者需要地震危险图来指导工作。这样的地图确定了活动断裂带的存在，以及由于深层软土可能经历更大震动的地区（图 24－1）。这些地图还标出了地震时容易发生液化、滑坡或落石以及

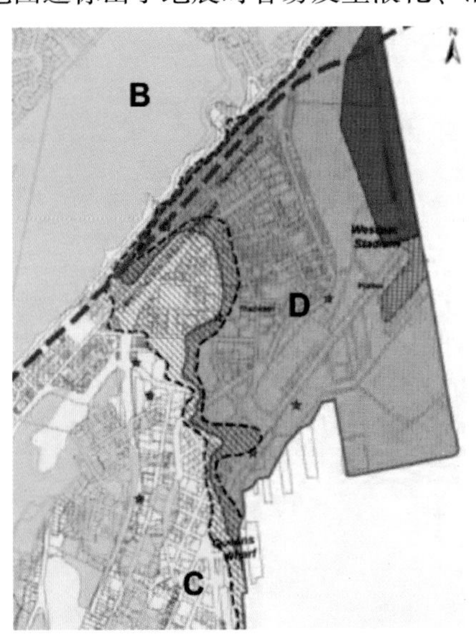

图 24－1　新西兰惠灵顿部分地区的地震危险图。B 区将经历最小的震动，其次是 C 区。D 区表示震动几乎最严重的区域，其在红色区域达到峰值（惠灵顿市议会）

海啸淹没的地区。有了这些信息，规划者可以将消防站和医院等关键设施的选址位于安全区域，并避免将住房规划在不安全的区域。最危险的区域可能被指定为公园。在网上搜索“城市地震灾害图”，会发现世界各地有许多这样的地图。

另一个对规划者有用的工具是地震易损性地图。这种显示了基于建筑调查和工程分析的某个区域既有建筑的地震易损性（图 24－2）。当与地震危险图结合使用时，可能发生地震损害建筑的分布图可以指导规划过程。例如，城市当局可能会使用这些信息来购买并拆除最脆弱地区的房产以增加街道宽度。这将减少日常拥堵，提高应急服务的接入，并为地震后的潜在火灾提供更宽阔的防火带。或者，当局可能要求并协助易损建筑的业主对这些建筑进行加固，或保护某个具有历史重要意义的区域避免地震损伤。

图 24－2　一个城市的地震易损性地图，显示与建筑类型和其他因素相关的风险（M. Tafti）

城市规划者需要在包括结构工程师在内的跨学科团队中工作。这是因为在过去有些城市出台了无意中导致建筑抗震性能偏低的一些法规。例如，要求增加地面停车位可能会导致建筑有软弱楼层（见文章 11），允许建筑突出到人行道上方可能会导致墙体不连续（见文章 12）。

参 考 文 献

Charleson A W，2008. Seismic design for architects：outwitting the quake. Oxford，Elsevier：233-242.

文章25：海啸与建筑

2004年12月26日发生在印度尼西亚苏门答腊岛的毁灭性地震和海啸，增强了人们对海洋地震危害的认识。环太平洋和其他地方的大片海岸线都有被海啸淹没的风险。在全球多个村庄和城市的历史上，海啸所造成的破坏和生命损失都有详细的记载。海啸对任何阻碍其流动的表面都施加巨大的水平力。木结构建筑无法抵御海啸，石、砖和混凝土建筑可能在流深达2m的水流中被摧毁，这取决于水流的速度。

建筑师和规划师确定海啸风险的起点是获得关注区域的海啸淹没地图（图25－1），这些信息可能包含在地震危险图中（见文章24）。了解影响这些信息的不确定性和假设后，可以考虑采取减少损害的措施，比如建造海啸墙或屏障、种植茂密的低矮树木，以及搬迁等有限的几种措施。日本用巨大的钢筋混凝土墙保护渔村，这是一个非常昂贵的选择，对环境影响很大，但墙体比大面积种植树木更有效。虽然植物吸收了一部分海啸能量，但它们也增加了水中碎片的体积。许多国家选择搬迁受海啸影响的住宅这一方式。

海啸预警系统以及识别和提供疏散路线也是减少生命损失的有效方法（图25－2）。但是在一些地区，海啸可以淹没沿海数千米内的内陆低洼区。预警时间仅以分钟计算，没有安全的地方可以逃避。对于这样的“风险”人群，所谓的“海啸垂直疏散中心”是唯一的生存机会（图25－3）。

海啸避难所的主要要求是能够将撤离者安置在预期的淹没水位以上。就避难所的结构设计属性而言，首先必须设计成能抵抗来自地面震动的地震力，这意味着它必须按照比通常更高的标准来设

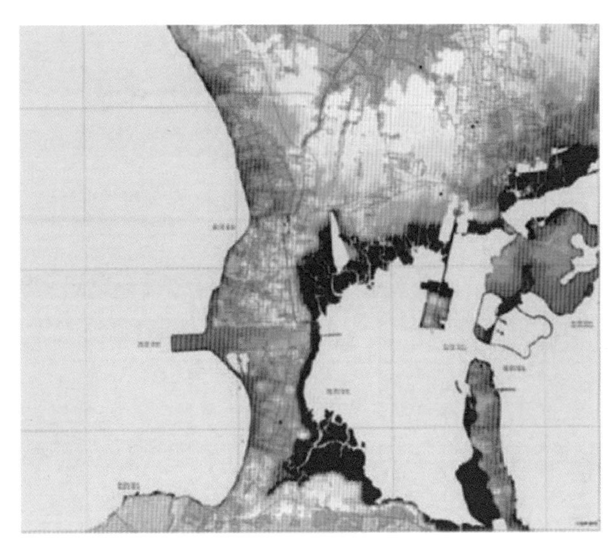

图 25－1　巴厘岛的典型海啸危险地图。颜色越深表明发生危险的可能性越大（Wegscheider，2011）

计。它还必须符合所有的规范要求以确保其地震安全性。然后，必须检查它是否能承受巨大的水压和水中碎片的冲击力。

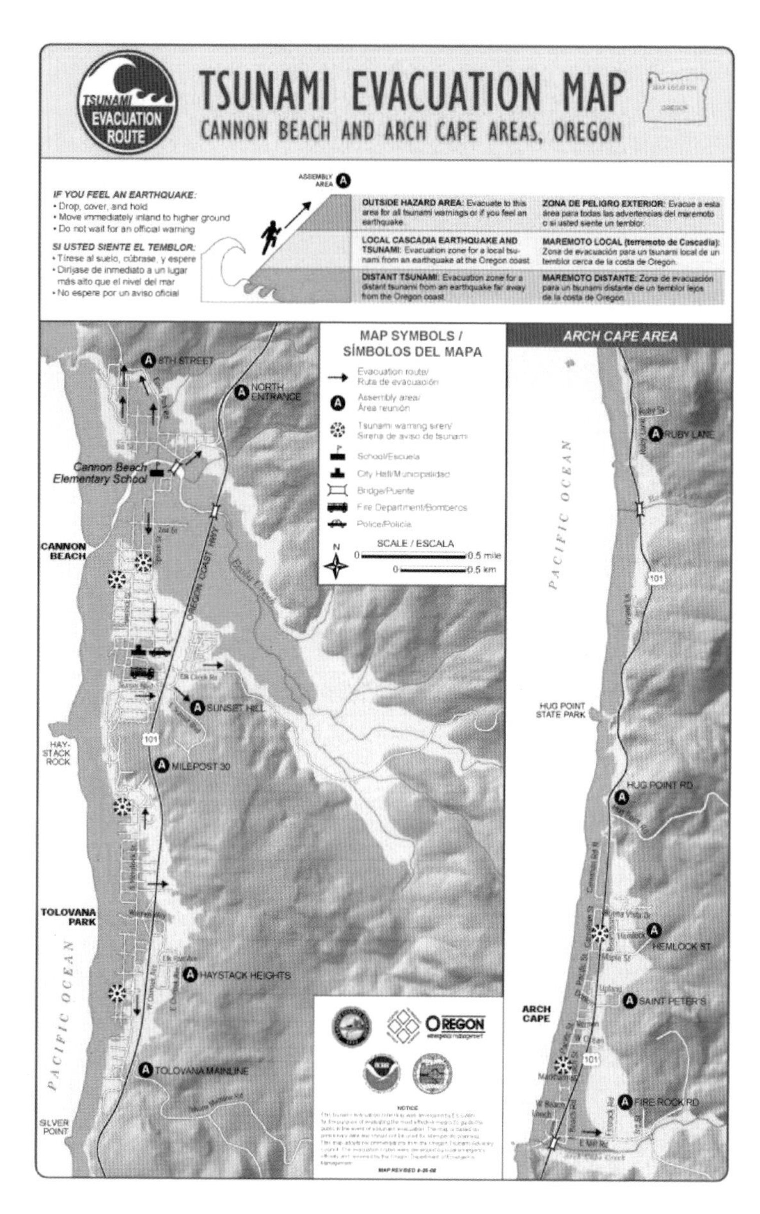

图 25－2　典型的海啸疏散图（俄勒冈州立大学）

图 25－3　一个私人海啸疏散中心。大多数疏散中心是为附近的社区提供的

参　考　文　献

National Tsunami Hazard Mitigation Program，2001. Designing for tsunamis：seven principles for planning and designing for tsunami hazards. https：//nws. weather. gov/nthmp/documents/designingfortsunamis. pdf（accessed 16 June 2020）.

Wegscheider S，et al.，2011. Generating tsunami risk knowledge at community level as a base for planning and implementation of risk reduction strategies，Nat. Hazards Earth Syst，11：249-258.